FÍSICA DE LAS PARTÍCULAS MODERNAS

PROF. NÉSTOR A. HILLAR PUXEDDU

FISICA DE LAS PARTICULAS MODERNAS

Pje España 1467. Te/Fax: 4680913. (5000) Córdoba. Argentina –
editorialuniversitas@yahoo.com.ar

Diseño de Tapa: Universitas
Autoedición: Universitas
Producción Gráfica: Universitas

editorialuniversitas@yahoo.com.ar
www.eduniversitas.com.ar

ISBN: 978-987-1457-41-0

Dedicatoria

Tengo ante mí un esquema del Viejo CAMINO que se adentra en la blancura infinita de las Salinas Grandes… Cuantas veces trabajé allí… Son recuerdos…

Por eso hoy que termino de escribir este ensayo que tiene muchos años de meditaciones estudios, dedico el mismo a toda mi familia, es decir mis antepasados, mis dos "viejitos" que ya partieron, mis hijos, mi hermano y toda su familia y a mis primos queridos.

Y como no recordar aquel pequeño pueblo rural tendido en la anchura de la pampa, a mi Arroyo Cabral y todos los viejos amigos que allí quedaron…

Pero también dedico mi esfuerzo a aquellos SABIOS profesores de Ingeniería Química y de Geología que supieron hacerme sentir el gusto y el amor a las ciencias, a ellos pero sobre todo a mi viejo amigo Dr. Edwin Kilt a mi emocionado recuerdo.

Y finalmente, dado que ya soy viejo a las buenas personas que me apoyaron en escribir esta síntesis sobre las partículas y sus descubrimientos en estos últimos doscientos años, MUCHAS GRACIAS.

Finalmente espero que esta síntesis, que creo muy lógica, ubique a los que deseen seguir el CAMINO que se pierde en la ilusión del espacio tiempo.

Para ellos, amor, esperanza y sobre todo honestidad.

Muchas gracias a Clara T. Flores y equipo.

INDICE

CAPITULO 1

En este trabajo de síntesis de las partículas, exponemos los conocimientos desarrollados desde el fin de Siglo XVIII y durante los Siglos 19 y 20. Quieren acercar de una manera lógica y sencilla la cadena de descubrimientos realizados durante esos siglos, que terminan por condensar los conocimientos sobre la Física y la Química realizados por enorme cantidad de científicos dedicados a las Ciencias Químicas y Físicas de las partículas que conforman todos los cuerpos, minerales y rocas, biológicos y cósmicos. Por ser tan largos, muchos de los procesos que dieron un conocimiento real de tantos y tantos estudios realizados por enorme cantidad de científicos dedicados a las ciencias Físicas y Químicas.

Estas ideas son transmitidas por generaciones y forman parte de la filosofía griega aún en su máxima gloria (tiempos de Sócrates, Platón y Aristóteles) pero quedó en el olvido a través de siglos y siglos.

Por tanto trataremos de penetrar sistemáticamente en los primeros conceptos del conocimiento comenzando por las especulaciones filosóficas de la antigua cultura griega (Siglo V a C.). Diremos que los Griegos tuvieron una cultura particular, dada la geografía de su territorio formadas por numerosas ciudades ubicadas en numerosas islas, así como en bahías, que daban lugar al asiento de puertos y ciudades (ejemplos: islas Jónicas; Atenas, Puerto El Pireo, Corintos, etc.)

Entre los siglos V y IV a C. tuvieron lugar los trabajos entre los filósofos Leucípo y Demócrito con su pensamiento acerca de los constituyentes de las distintas materias considerando que la última porción de toda ella debían estar constituidas por partículas homogéneas no divisibles, tomando del griego la palabra ATOMOS (de "a" concepto privativo de negación y "tomos" unidad), partículas inmutables en el tiempo, no sujetas a cambios y permanentes en el tiempo.

Los primeros trabajos con métodos pondérales (pesadas) fueron realizadas por Antonio de Lavoisier (1743-1796) el cual descubrió el Oxígeno (engendraba "óxidos") y realizó numerosos experimentos químicos. Sus trabajos fueron publicados en su obra "Elementos de química". Actualmente se consigue esta traducción por edición de "Dover publicación" (en inglés).

Uno de los grandes descubrimientos de Lavoisier fue destruir la teoría del Flogisto, descubriendo que la combustión se debe a un gas de la atmósfera, que denominó oxígeno (y le puso el nombre).

Además, se descubrieron otros elementos químicos que a principios del siglo 19 se contaban 26 elementos químicos. Al pasar del tiempo y luego de la tarea de innumerables químicos, se conocen en la actualidad 92 elementos naturales y con los conseguidos por síntesis, son más de 107 elementos (transuranidos).

Los trabajos realizados por J.Richter en Berlín con medios pondérales llevó al concepto de los pesos equivalentes también estudiados en Francia por C.L.Bertholet.

Es a principios de siglo 19 (años 1800-1814) cuando algunos científicos retoman el concepto de Átomo, quizás ya conocido por la traducción de los filósofos de la Antigua Grecia, pero sobre todo sus estudios realizados durante esos siglos terminan por condensar los conocimientos en cómo sería la parte finita de la materia, como ocurrió con John Dalton (1766-1844) denominando nuevamente a estas partes de la materia con el nombre de ATOMO.

John Dalton nació y estudió en Manchester, puerto importante del litoral británico, sobre el mar de Irlanda, dedicado al principio en estudios de la presión de los gases. Sobre la presión de los constituyentes del aire y cuando se suma la presión del vapor de agua de las neblinas, muy comunes en Manchester, Dalton dedujo de esos estudios la Ley que lleva su nombre: "la presión de un gas es igual a la suma de las presiones parciales de cada gas componente" o "Ley de las presiones parciales de gases".

Pero dado su estado civil de soltero pudo dedicar mucho tiempo a estudiar el problema de las últimas partículas que conforman la materia. En base a los trabajos de sus antecesores y guiado también quizás por una especie de intuición de su mente escribió dos volúmenes, el primero editado en 1808 y un segundo en 1814 " New System of chemical philosophye" donde informa que todas las partículas últimas de la materia deben denominarse "ÁTOMOS", iguales entre sí para una misma sustancia elemental, y también indestructibles, que se unen en proporciones simples con otros elementos.

Esta teoría llamada desde entonces "Teoría Atómica de Dalton" fue un enorme avance en la ciencia de la Química. Además, Dalton sugirió una representación de cada átomo mediante símbolos como por ejemplo el oxígeno era un círculo **O** y el hidrógeno un círculo con un punto dentro de él: ⊙ etc. Esta notación será reemplazada luego del 1º Congreso Internacional de Química en Karlsruhe (1860). Este trabajo tuvo amplia difusión por su lógica y fue aceptada por todos los químicos. También fueron importantes los trabajos de J.L.Gay Lussac (1778-1850) que junto a los de J.Thenard (1777-1857) trabajaron sobre los gases y sus propiedades, así como en síntesis de productos de laboratorio e industriales: "Ley de Gay Lussac" sobre "Volumen de los gases" y fabricación de ácido sulfúrico (industria química).

Amadeo Avogadro (1776-1856) fue un físico italiano, nacido en el sur y profesor en la Universidad de Turín durante dos períodos. Produjo un trabajo editado en 1811, donde menciona que los compuestos químicos y aún los gases forman las moléculas, conjunto de átomos que tienen un peso definido.

Se basó en trabajos de Gay Lussac que decía que los gases se producen siempre en relaciones simples y definidas. Este concepto estudiado por A.Avogadro lo llevó al concepto de molécula. Si bien su terminología no es siempre muy clara, su aporte es la distinción entre átomos y moléculas. El problema no fue bien entendido al principio pero fue claramente defendido por su discípulo Estanislao Cannizzaro, quien lo expuso en el 1º Congreso Internacional de Química en Karlsruhe, durante 1860, presentando un folleto denominado "Sunto" y distribuido entre los asistentes de dicho Congreso.

De esta manera, en la primera mitad del siglo 19 ya se conocía el concepto de átomo y moléculas, estas últimas formadas por átomos, y se conocían técnicas, como las de determinar sus pesos gravimétricamente (peso molecular). Sobre estos conocimientos y en base a ver el comportamiento químico de los distintos elementos conocidos, algunos científicos intentaron descubrir una cierta "perioricidad" de los átomos. Entre los trabajos preliminares se hallan los de Dobereiner, y la ley de las "octavas de Newlands", así como las de L.Meyer.

Pero fue debido al genio de Dimitri I. Mendeleef (1834-1907) sabio ruso, que propuso una primer Tabla Periódica de los Elementos Químicos, basándose en los Pesos atómicos crecientes y en las afinidades químicas. El descubrimiento de la Primera Tabla Periódica de los Átomos fue anunciado por D.I.Mendeleef en 1869.

Antes, Lothar Meyer en Alemania había diseñado otra Tabla Periódica en 1868 pero no publicó su trabajo, de manera que el descubrimiento se atribuye a Mendeleef.

Después del año 1860 en que se realiza la reunión de Karlsruhe Alemania, donde se encontraron los químicos de aquel tiempo también estuvieron L.Meyer y D.Mendeleef, suponiéndose que entre ellos hubo contactos e intercambio de ideas.

Pero la excelencia del sabio ruso está en que al ordenar los aproximadamente 50 elementos químicos que se conocían por entonces, él los colocó en órdenes creciente de sus pesos atómicos y encolumnados en grupos según sus afinidades químicas. Así colocó al Na, K, Rb y Cs en la primera columna o Grupo I y al F, Cl, Br, I en la séptima columna o grupo VII; pero lo más asombroso fue que predijo tres elementos entonces no conocidos, dando hasta las propiedades de sus compuestos. Esto se comprobó años más tarde cuando se descubrieron el Galio (Ga) en un mineral de los Pirineos de Francia, por de Boísbaudran (en 1875), el Escandio encontrado en una Euxenita por Nielsen en Suecia (1879) y el Germanio, descubierto por el químico alemán de la escuela de Minas de Freiberg, A.Winkier de un mineral del Harz. Si bien D.Mendeleef cometió algunos errores, su aporte a la ciencia fue muy grande. Pero no alcanzó a entender la presencia de los Gases Nobles o Raros, cosa que se descubre más adelante por Ramsay y Rayleigh cuando descubrieron al elemento Helio (He), el Neón (Ne) y el Argón (A).

Debemos señalar acá que otro químico muy trabajador fue J.J.Berzeliuz (1779-1849), con una mente plena de conocimientos de análisis a veces junto con colaboradores. Pero sus ideas, fundamentales para el desarrollo de la química moderna es haber propuesto en Karlsruhe, en 1860, la nomenclatura de los elementos químicos como son representados hoy en día. Berzeliuz señaló:

1) La teoría dualista de los compuestos y

2) Descubrió los elementos Silicio, Thorio y Vanadio, además

3) Propuso la actual nomenclatura de los elementos químicos, utilizando la primera letra del elemento químico en Mayúscula del nombre o la primera en mayúscula y la segunda letra minúscula para cada elemento químico, tal como se usa ahora en las tablas periódicas de los elementos.

Estos desarrollos fueron útiles para las ciencias, tanto químicas como físicas. Ahora se utiliza esta nomenclatura internacionalmente.

Debemos intercalar acá que al mismo tiempo en que se descubrieron los átomos de Dalton, las moléculas de Avogadro, la simbología de los nombres de los elementos químicos, por Berzeliuz y otros grandes descubrimientos que a veces pasaron desadvertidos y la Primera Tabla Periódica de los átomos, por Mendeleef; se produjeron en otros campos simultáneamente, otros acontecimientos científicos.

CAPÍTULO 2

De la espectografía a los "quantos" de M.Plank.

Los comienzos de la Espectografía.

J.Fraunhofer (1787-1826), era descendiente de un operario de una fábrica de cristales (vidrios con plomo) donde aprendió el oficio de Baviera. Debemos indicar que J.Fraunhofer estudió gracias a una beca en el instituto óptico de Munich.

Su descubrimiento se realizó cuando expuso un rayo de luz del sol colimado por una pequeña abertura, y le interpuso un prisma triangular de un cristal perfecto y observó que el rayo incidente se descomponía en una serie de colores desde el azul hasta el rojo anaranjado. Al observar J.Fraunhofer el espectro con el anteojo de un teodolito, detectó una serie de rayas negras, que se intercalaban entre los distintos colores, nombrándolas él por letras mayúsculas y minúsculas, así como a las rayas correspondientes al amarillo las nombró rayas D.

Este descubrimiento llevará más tarde a los profesores de la Universidad de Heídeíberg, Robert Bunsen (1811-1899) y Gustavo Kirchoff 81824-1884) al análisis de estos fenómenos (1869-1899), que por derivación terminaran en los trabajos de Max Plant en Gotingen (diciembre de 1900).

Bunsen y Kirchoff determinaron los llamados espectros de emisión para cada metal que introducían con un alambre de platino en un mechero. Bunsen y Kirchoff logró mediante la introducción de una fuente luminosa intermedia obtener las rayas negras que eran semejantes a los espectros de Fraunhofer, con lo cual nació la técnica de la espectrografía muy necesaria en la actualidad.

El estudio de los fenómenos eléctricos vienen dados por los primeros avances en electricidad estática (electricidad por frotamiento, varillas de vidrio y del "ámbar") cuya primera Ley se debe a Ch.A.Coulomb (1736-1806) que describió su ley que se enuncia: "la fuerza de atracción o repulsión entre dos cargas eléctricas puntuales es directamente proporcional al producto de sus masas eléctricas e inversamente proporcional al cuadrado de las distancias que las separan". La unidad de medida es el Coulombio, un (1) coulombio es igual a 2,9979 u.c.g.s..

También quiero señalar acá los estudios comenzados por el italiano Luis Galvani, y el descubrimiento de la generación de electricidad dinámica por Alejandro Volta (1745-1827), en el año 1800. Con su famosa pila, construida con discos de cobre y cinc entre los que interponía un trapo mojado en ácido acético (vinagre). Estos trabajos llegaron de la mano de los experimentos de Galvani y de su intensa correspondencia con científicos franceses e ingleses, Volta pensaba en 1792 que "los metales eran como motores de la corriente eléctrica".

Acoplando discos de esos metales mencionados, interpuestos con discos de trapo o cuero mojados, se conseguía una leve producción de electricidad pero si se acumulaban varias secuencias de esos discos, aumentaba la intensidad de la corriente eléctrica. Por esto Volta denominó a su "pila de Volta", lo cual abrió un inmenso campo al estudio de la electricidad. Volta comunica su descubrimiento al presidente de la Royal Society de Londres, Sír J.Banks, en marzo de 1800.

En 1801 Sír Humpherey Davy había obtenido una recompensa de 1.000 libras esterlinas, pero eligió en su lugar que le compraran 1.000 pilas de Volta, a las cuales conectó en serie, logrando un potencial de 1.000 voltios con lo cual entre dos electrodos de carbono logró hacer una chispa. Luego aplicó a esa batería sobre una sal de sodio, cloruro, obteniendo un gas verdoso, que él denominó Cloro y un metal blanco que llamó Latín Natrium o Sodio.

H.Davy realizó más ensayos de electrólisis encontrando que en la pila se encontraba un polo positivo llamado ánodo y otro negativo llamado cátodo. Davy obtuvo también Potasio (kalium derivado del latín que dice ser "cenizas") de allí luego su símbolo K, y también el Magnesio metálico (Mg).

M.Faraday era un joven entusiasta por asistir a las conferencias que daba H.Davy en la Royal Society de Londres, pero la fortuna estuvo de su parte, pues al trabajar como encuadernador de libros, un noble inglés le cedió una entrada para dichas sesiones.

M.Faraday anotó prolijamente todo lo que observó en la disertación de H.Davy y escribió prolijamente sus apuntes con dibujos y se ofreció para trabajar en el laboratorio de la Royal Society, primero como lavador de útiles y aparatos, para luego pasar como secretario de Sír H.Davy.

A la muerte de H.Davy le sucedió como investigador experimental del laboratorio de la Royal Society, dedicándose sistemáticamente a describir los efectos de la corriente eléctrica, las leyes de la electrólisis que llevan su nombre y los fenómenos de la electricidad y el magnetismo, descubriendo la inducción electromagnética, todo experimentalmente, relatado en sus memorias en "investigaciones experimentales de electricidad" reimpreso y traducido al castellano por Editorial Eudeba, en 1971.

Junto con los trabajos del francés A.M.Ampere (17775-1836) y los de G.Ohm (1777-1834), junto a otros investigadores como Ch.Wheatastone (1802-1875) y G.Kirchoff, formaron la teoría electrodinámica, que será resumida a fines del siglo XIX por el gran matemático escocés J.C.Maxwell (1831-1879) en su formulación matemática, unificando las teorías sobre las corrientes y ondas del electromagnetismo, la electricidad y otras ondas.

Además de estos investigadores y sus experiencias, se comenzó a estudiar las descargas eléctricas en los tubos con gases al vacío, observándose entre el cátodo y el ánodo positivo, luminosidades, con una sombra cerca del cátodo, denominada desde entonces zona de Faraday.

Otros científicos siguieron experimentando con dichos tubos al vacío, entre ellos E. Plücker (1801 – 1868) y W. Hittorf (1824 – 1914) que llevaron a pensar que dado el alto vacío existente en sus tubos, existía un flujo de "partículas" que procedían desde el cátodo al ánodo denominándolos "rayos catódicos"

Estos descubrimientos animaron las especulaciones de otros sabios de fines del siglo XIX a estudiar que podrían constituir los denominados "Rayos Catódicos".

Entre ellos en inglés W. Crookes (1832 1919), cuyos estudios señalan una zona de sombra cerca del ánodo denominada "sombra de Crookes". Debemos señalar que para lograr que saltara la corriente eléctrica entre ánodo y cátodo debía requerirse una corriente pulsante de varios miles de Volts con una bobina de Rumskorff, de inducción que generaba estas altas tensiones eléctricas.

De todas esas experiencias se dedujo: 1) que los denominados rayos catódicos era un flujo de muy pequeñas partículas que se desviaban atraídas por el polo positivo de un imán que creaba un campo desde el exterior del tubo. Es decir eran eléctricamente negativas. 2) que dichas partículas, no podían ser átomos, pues el vacío dentro del tubo cerrado, conectado a una bomba de vacío (ya muy avanzadas en aquellos tiempos) eliminaba moléculas y átomos dentro del tubo.5) Esta radiación de rayos catódicos tenían una velocidad menor que la luz y por las experiencias de Hittorf eran partículas que arrojaban una sombra al interponerse una pequeña chapa metálica.

En síntesis, los rayos catódicos eran partículas muy pequeñas, no átomos, con carga eléctrica negativa, que partían del cátodo hacia el ánodo. Como provenían de una descarga eléctrica se lo llamó entonces "electrones" denominados así por otro inglés G.J.Stoney (1826-1911) en 1891. Todos estos estudios culminan con las experiencias que realizó casi a fines del siglo XIX, el profesor de Física experimental de la Universidad de Cambridge, Joseph John Thomson, que construyó un tubo de rayos catódicos, con el cátodo constituido por un tubo metálico. De manera que la corriente de rayos catódicos o electrones pasaran dentro del tubo hasta el frente, donde se ponía una especie de pantalla fosforescente de sulfuro de cinc. Colocando dentro del tubo unas placas unidas a un sistema eléctrico, que tenían polaridades positiva y otra electronegativa (condensador) pudiendo medir las tensiones (voltaje), el amperaje de corriente así como otras variables. Perpendicular a este dispositivo colocó un electroimán que también podía atraer o repulsar el flujo de electrones, según el esquema que se adjunta.

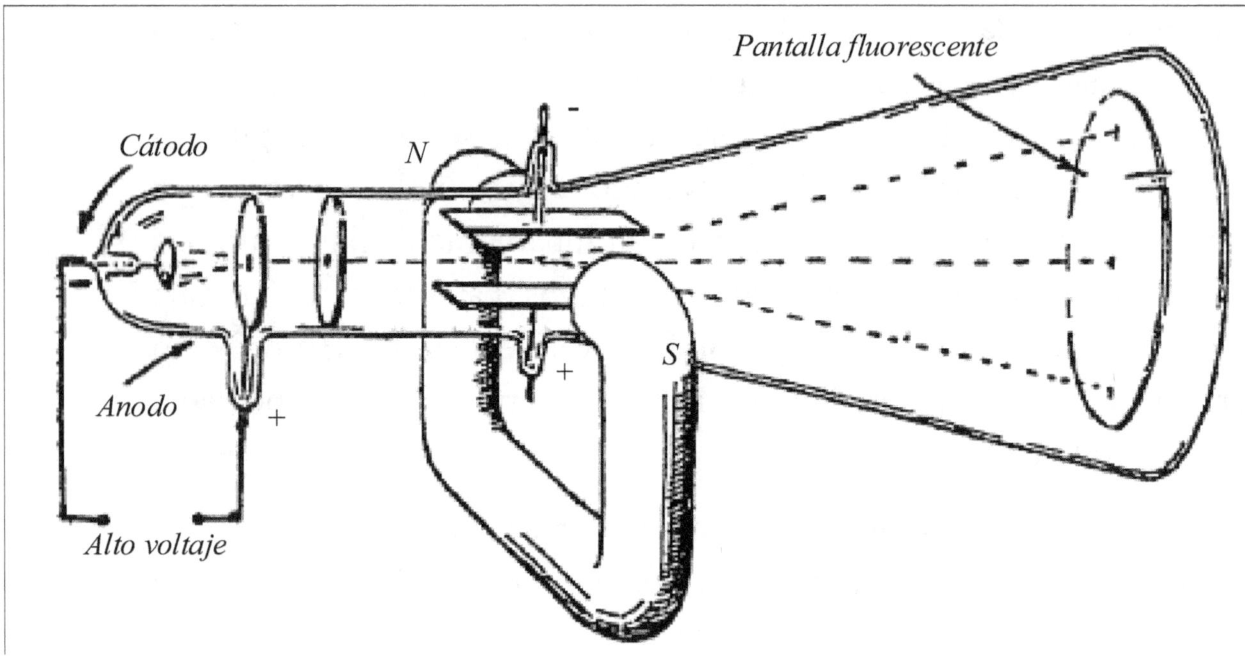

APARATO DE J.J. THOMSON PARA EL ELECTRÓN

Con este instrumento logró medir eléctricamente la relación carga7 masa o carga específica de los electrones. J.J.Thomson con sus trabajos señaló que estas pequeñas partículas, los electrones, tienen una carga de 1,7592 x 10^8 coulombios/ión y cuya masa era 1837 veces menor que la de los átomos de Hidrógeno, deberían constituir parte de los átomos.

Al principio se pensaba que los átomos eran una especie de "jalea" donde se hallaban los electrones, incluidos en su masa, como si fueran "pasas de uva" dentro de un pastel. Pero pronto otros descubrimientos a fines del siglo XIX, definirían los problemas del átomo nuclear electrónico.

CAPÍTULO 3.

Descubrimiento de la Fotografía y la radiactividad natural.

Desde fines de siglo XVII varios químicos habían observado que las sales de plata expuestas a la luminosidad producían un ennegrecimiento de la sal de Plata (Ag).

De estos predecesores podemos nombrar al químico sueco Sehéele, a los alemanes Rítter y Goete, etc. Pero el primer avance serio en esta materia lo realizó el francés J.N.Niépce (1765-1833). Antes el astrónomo J.Herschel (1792-1871) había demostrado y comprobado por ensayos, que una sal de plata podía fijarse con el uso de una solución de hiposulfito de sodio.

Con estos antecedentes L.J.Daguerre (1787-1851) descubrió con una placa cubierta de una sal de plata (ioduro de plata), que después sustituyó por bromuro de plata. Luego del experimento sumergía la placa en una solución de hiposulfito de sodio y quedaba revelada.

Así se lograron las primeras fotografías. Estos descubrimientos fueron presentados por Arago ante el Instituto de ciencias de Francia, pidiendo su patente para ellos.

Las experiencias fueron realizadas antes de 1840 y permitió a varios astrónomos tomar fotos de las estrellas y de la luna. Luego se desarrolló una industria fotográfica que aún continúa con sus avances.

Henry Beckerel, (1852-1906) era hijo de un físico y trabajaba en el Museo de Historia Natural de París, dedicándose a temas de magnetismo y fluorescencia. Para sus investigaciones de materiales fluorescentes usaba sobre todo el sulfato doble de uranio, tomaba fotos de estas sustancias y finalmente fijaba con solución de hiposulfito, obteniendo manchas negras en la foto.

Por casualidad, y tal como es el clima de París, a veces con mucha neblina, un fin de semana debió poner en un cajón de su escritorio, una placa virgen, cubierta con papel negro y colocó a la sal de uranio sobre la placa. Y al no poder exponer los cristales de la sal de uranilo, a la acción del sol, dejó lo mismo a estos sobre la placa fotográfica, encerrando todo en un cajón. Al retomar su trabajo se le ocurrió fijar la placa fotográfica y al observar los resultados encontró que se habían producido manchas más fuertes.

Esto le llenó de alegría y pudo observar que las manchas eran más fuertes que cuando el exponía los de uranilo y potasio, cuyos cristales colocaba sobre placas fotográficas cubiertas totalmente por papel negro. Luego exponía a las sustancias fosforescentes a la radiación solar, colocando luego a éstos cristales sobre la placa fotográfica. Observó que las otras sustancias fosforescentes no daban las sombras y repitió varias veces el ensayo obteniendo iguales resultados. Pero siempre que usaba el mineral o sales de Uranio obtenía impresiones en las placas fotográficas.

Estos fenómenos fueron editados por H.Beckerel y al principio se los llamó radiación "Beckerel".

Los esposos Pierre Curie (1859-1906) y María Sklokdowska (1867-1934) de Curie se conocieron en la Universidad de La Sorbone, en Paris. Pierre era Profesor de Física, experto en aparatos de medición de electricidad, y ella era de origen polaco, nacida en Varsovia, de donde huyó durante el dominio Ruso y comenzó sus estudios de Física en La Sorbone.

Cuando ambos esposos conocieron el descubrimiento de la "radiación Beckerel" decidieron estudiara más a fondo dichos fenómenos.

Consiguieron algo más de 100 toneladas de mineral de la mina de Uranio en Joachimstal, Alemania. Con esa materia prima trabajaron muy duro, analizando sus componentes. También Pierre Curie inventó y construyó un aparato para determinar en forma cuantitativa la radiación Beckerel. Su esposa denominó luego a esa radiación con el nombre de "Radiactividad". Entre los logros de tanto esfuerzo María Curie determinó el elemento químico N^o atómico 84, desconocido, y por cierto radiactivo, dándole el nombre de Polonio en homenaje a su patria natal.

También notó María Curie que al precipitar el elemento Bario, este se hallaba mezclado con otro metal, muy radiactivo, mucho más que los otros conocidos, y logró aislar 30 gramos de su sal (obtenida de más de 100 toneladas de mena), que era muy radiactivo; al que llamó Radium o Radio (símbolo Ra) el cual era bivalente y hoy tiene el N^o atómico 88.

P.Curie murió en un accidente en 1906, pero ambos esposos y H.Beckerel recibieron en el año 1903 el Premio Nobel de Física.

María Curie continuó trabajando y recibió en 1911 EL Premio Nobel de Química. Fue la única mujer que recibió en vida dos Premios Nobel, Pero sus tareas manipulando sustancias radiactivas terminaron produciendo en ella una anemia perniciosa que le causó la muerte el 4 de julio de 1934.

Por otro lado un químico alemán G.Schmidt descubre que el elemento Thorio también era radiactivo.

Estos descubrimientos fueron pronto conocidos en todos los centros de estudio de Física y un Profesor de la Universidad de

Manchester, en Inglaterra, E.Rutherford, muy ingenioso colocó una pequeña porción de sustancia radiactiva en un hueco dentro de un bloque de plomo, se sabía que el plomo no permitía el paso de la radiactividad. Colocó sobre el plomo un potente imán y observó que la radiactividad estaba formada por tres tipos de radiación: los rayos alfa (α), que eran positivos. Los rayos beta (β) que eran negativos muy parecidos al electrón, y los rayos gamma que no eran atraídos por ninguna polaridad, suponiendo que trataban de rayos muy parecidos a los Rayos X, descubiertos en 1895 por W.K.Roéntgen (1845-1923).

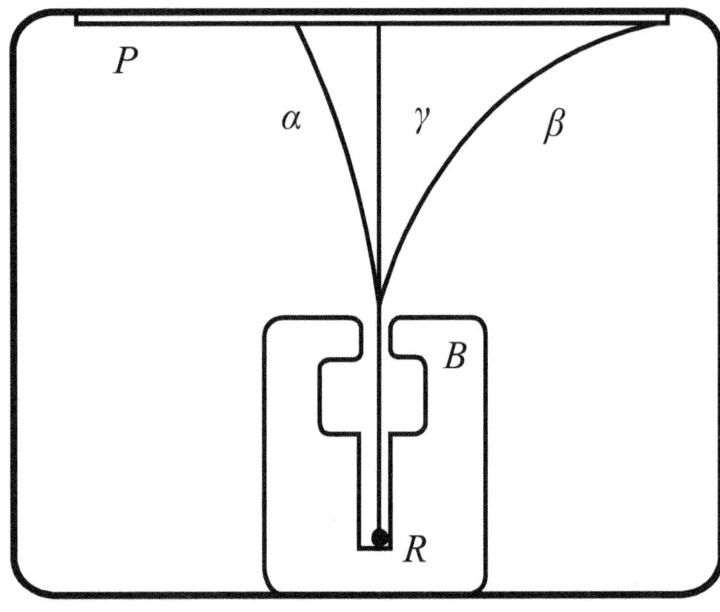

DESVIACION POR UN CAMPO MAGNETICO DE LA RADIACIÓN EMITIDA POR UNA SUSTANCIA RADIOACTIVA

Con estos descubrimientos finaliza el siglo XIX y comienzan nuevas etapas de la Física y la ciencia.

Ernest Rutherford nació en Nueva Zelanda en (1871-1944), luego de cursar sus estudios se trasladó a Inglaterra donde estudió Física en la Universidad de Manchester.

El descubrimiento del núcleo del átomo.

Luego Rutherford viajó a Canadá a la Universidad de McGill en Montreal, ya que ésta contaba con nuevos laboratorios de Física, donados por un filántropo multimillonario canadiense.

También se encontraba en McGill un joven físico ingles, F.Soddy (1877-1955), con el cual Rutherford logró formar un equipo, que trabajó con esfuerzos, alrededor del 1900, durante varios años.

Obtuvieron varios objetivos. Rutherford, mediante su ingenio, descubrió que las partículas alfa introducidas en un tubo al vacío y luego de retenerlas allí por una semana, al estudiar su espectografía obtenía las mismas líneas del Gas Raro o Noble, el Helio (He). Posteriormente se conoció que las partículas alfa, emitidas por elementos radiactivos, eran núcleo de Helio, con dos protones y con doble carga positiva (+). Hacia el año 1905, Rutherford y luego Soddy retornaron a Inglaterra.

En la Universidad de Manchester, Rutherford se encontró con un becario de origen alemán, O.Geiger (1882-1945) y E.Marsden, con los cuales trabajó en equipo, sobre un fenómeno detectado en Alemania, que las partículas alfa producían un "centelleo" o "scintilación" sobre una placa cubierta de sulfuro de cinc.

Geiger, Marsden y otros colaboradores dedicaron muchos años a descifrar cuántas partículas alfa emitidas por una sal muy pura de Thorio, producían un centelleo sobre la placa de sulfuro de cinc.

Observaron que el plomo detenía a toda la emisión radiante de un elemento radiactivo; pero ello no ocurría con láminas muy finas de otros metales como el Oro (Au).

Como Rutherford era muy inteligente, propuso un experimento sencillo pero muy avanzado para aquellos tiempos. Dispuso un emisor de rayos alfa dentro de un bloque de plomo y una pantalla colimadora, por donde sólo podían pasar un haz de rayos alfa paralelos y colocó muy cerca una fina lámina de oro, ubicando detrás de la lámina de oro, una pantalla de centelleo, y perpendiculares a la placa de oro otras pantallas de centelleo.

Pudieron así, O.Geiger, E.Marsden y Rutherford realizar conteos estadísticos de las partículas que atravesaban la finísima placa de oro y que algunas partículas alfa centellaban en las placas laterales, en ángulos de hasta 180º.

Rutherford publicó sus experiencias en 1912 con las experiencias de Marsden y Geiger, introduciendo que en el centro de los átomos debía existir un NÚCLEO que debía tener carga positiva, pues algunas partículas alfa que eran de igual signo (+) rebotaban en él.

Por cálculos muy aproximados a la realidad determinó que el núcleo debía tener un diámetro de $4,1 \times 10^{-14}$ cm.

Propuso Rutherford que el átomo estaba compuesto por un núcleo, muy pequeño, que era de carga positiva y contenía toda la masa, alrededor del cual se mueven en órbitas los electrones descubiertos por J.J.Thomson.

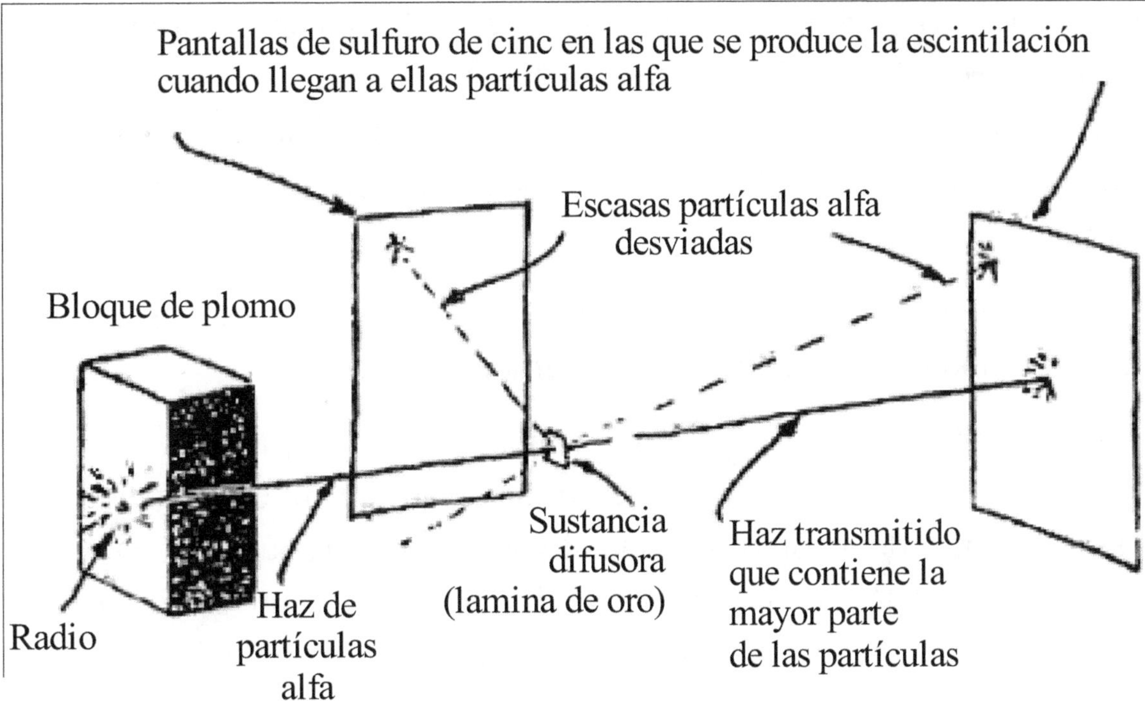

Diagrama representativo del experimento efectuado por Rutherford, que demuestra que los átomos contienen núcleos atómicos pesados, muy pequeños.

ESQUEMA DEL EXPERIMENT DE RUTHERFORD (CON GEIGER Y MARSDEN) SOBRE EL NÚCLEO DEL ATOMO

El siguiente esquema explica los ensayos de Rutherford y su equipo de científicos.

Durante tantos experimentos, las ciencias y los investigadores descubrieron después de los trabajos de H.Beckerel y los esposos Curie, que las sustancias radiactivas emitían la radiación que terminaba por generar al final del ciclo, otros elementos químicos. A ello se llamó "desintegración radiactiva" que daba la transmutación de un elemento en otro, de una serie de trabajos realizados por E.Soddy y en Alemania O.Han (1879-1960) que trabajaban para una firma industrial Knófler, etc.

Esto llevó a entender que cada elemento radiactivo, fuera

Uranio, Thorio, o Radio, etc, tenían una serie de transmutaciones, pero por experiencias, casi todas terminaban en plomo, cuyos pesos atómicos deferían un poco. Esto se aclaró cuando se descubrieron los Isótopos por F.Aston (1877-1975). Este tema de ampliará más adelante,

Asimismo, al tiempo que transcurría en las transmutaciones se lo llamó "tiempo promedio de la desintegración radiactiva".

A raíz de tantos ensayos para detectar las partículas radiactivas, H.Geiger inventó un dispositivo que contaba con un tubo, delgado de paredes, dentro del mismo se hacía el vacío y se introducía un gas inerte. Un hilo metálico o alambre se introducía por un extremo cerrado del tubo y se conectaba a un sistema de alimentación de electricidad. Cuando una partícula radiactiva tocaba el alambre cargado, se producía una descarga, que activaba un galvanómetro o producía una pequeña señal auditiva que se incrementaba cuando aumentaba la radiactividad. A este aparato o equipo se lo llamó detector o contador de Geiger. Fue muy útil para geólogos en exploración de yacimientos de minerales radiactivos: Uranio, Thorio, etc., así como en la industria y laboratorios.

En 1907 Rutherford fue nombrado nuevamente profesor de Física en la Universidad de Manchester hasta que en 1919 pasó a la Universidad de Cambridge, al famoso Laboratorio Cavendish.

Ahora se conocía que el átomo de Dalton no era tan macizo, sino que el átomo era electrónico, con los electrones negativos girando en órbitas alrededor de un núcleo, muy pequeño en el interior del mismo, con carga positiva, a esto se lo bautizó como el "Átomo electrónico nuclear".

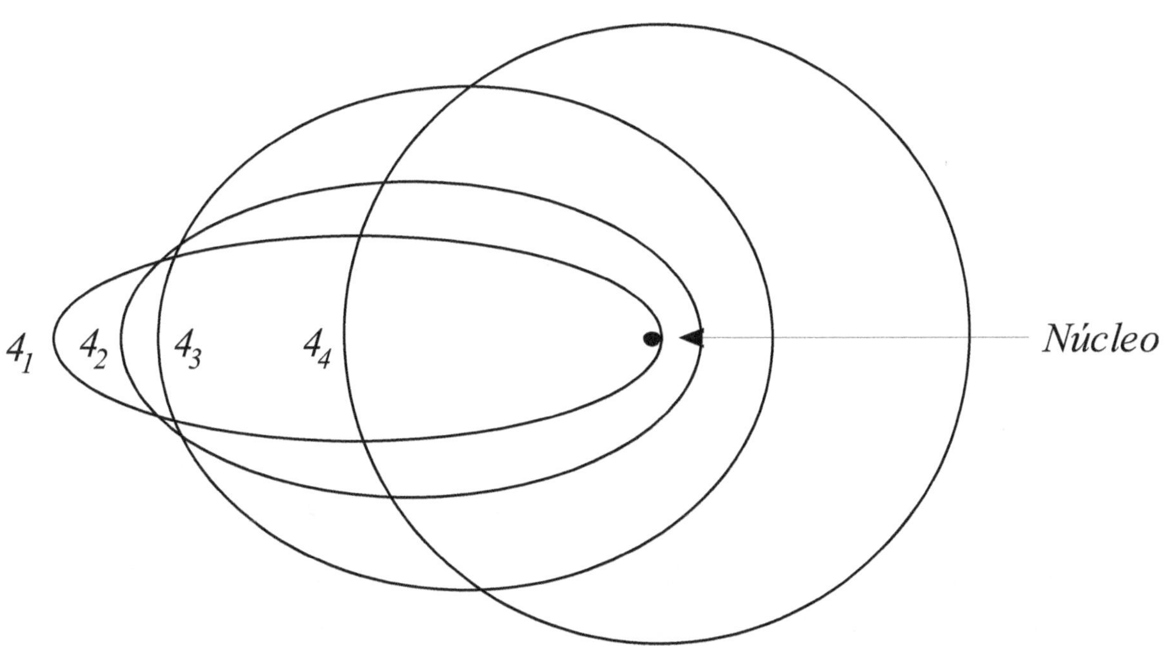

ESQUEMA DEL ÁTOMO DE RUTHERFORD/BOHR - SOMMERFD

Diremos también que en el laboratorio de Rutherford se presentó en 1913 un joven danés científico, llamado Niels Bohr, el cual conoció toda la experiencia de Rutherford, J.J.Thomson y sus colaboradores.

CAPÍTULO 4.

Espectografía, radiación de cuerpo negro, Trabajo de M.Plank.

Cuando entre R.Bunsen y G.Kirchoff descubrieron la espectografía, Bunsen siguió su camino de químico, pero G.Kirchoff trató de investigar qué pasaba si un cuerpo negro emitía su radiación y cómo era esa radiación llevada por distintas escalas de temperaturas.

Dentro de una mufla colocaron un cuerpo negro de alto punto de fusión posiblemente alguna cromita o una "picotita" (cromo aluminato de hiero y magnesio) cuyo punto de fusión es de cerca de 2200°C ó 2475 °K (temperatura absoluta).

Los experimentos fueron realizados por dos de sus ayudantes, O. Plummer (1870-1925) y Pringsheim. Las curvas que obtuvieron se representan en el siguiente cuadro en coordenadas, donde a X corresponde la longitud de onda y donde la curva obtenida, se pueden ver en el siguiente diagrama, y tienen efectivamente una cierta forma de campanas.

A "X" (longitud de onda) y a "Y" (la energía en unidades sexagesimales).

Radiación del cuerpo negro según Plummer y Pringsheim.

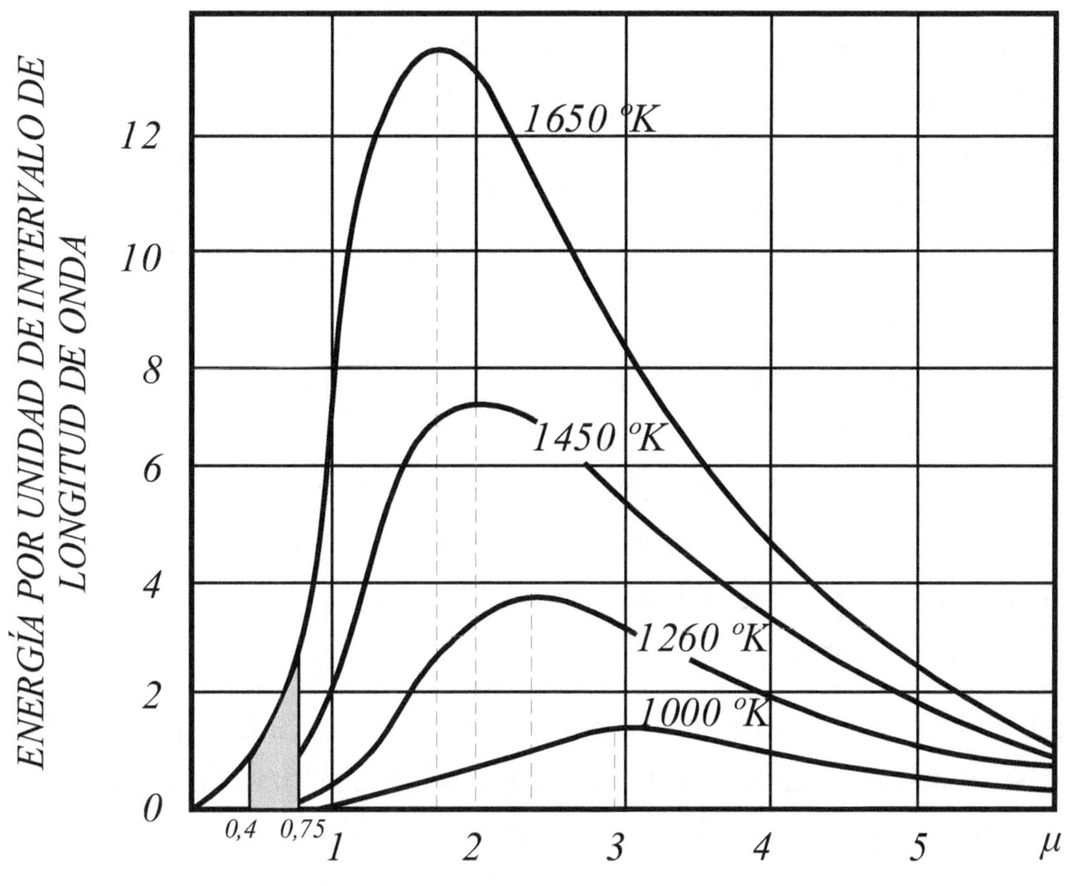

Curvas de Plummer y Pringsheim para distintas temperaturas en grados °K radiación de un cuerpo negro (aproximadamente 1898). El cuerpo negro era llevado a temperaturas sucesivas desde 1000°K. Lord KelvIn (1824-1907) físico inglés de la universidad de Glasgow, cuyo nombre era William Thomson (Lord KelvIn) el cual indicó que el 0° es igual a menos de 273,0°C.

Plummer y Pringsheim midieron la difracción de grado, la longitud de onda X y la energía por medio de un detector muy sensible llamado bolómetro.

El análisis de las curvas del cuerpo negro Energía/Longitud de ondas llevó a varios físicos de fines de siglo XIX a tratar de deducirlas matemáticamente a partir del conocimiento de la Termodinámica clásica, cuyos estudios fueron realizados durante el siglo XIX por J.Watt (1736-1904), Sadi Carnot (1792-1836); R.Clausius (1822-1888), H.Helmoíz (1821-1904); J.Stefan (1835-1893) y Ludwig Bolízman (1844-1906) que fundaron la Termodinámica clásica 1° 2° y 3° principios de termodinámica (entalpía, entropía, etc.).

El físico austríaco W.Wien usó la termodinámica clásica para intentar analizar esas curvas de energía radiante del cuerpo negro, usando ecuaciones diferenciales, deduciendo una ecuación que aplicada a esas curvas resultaba concordante con una parte de la curva obtenida experimentalmente, pero a mayores valores de Energía era discordante.

Igualmente aconteció con deducciones realizadas por Sír Raleigh y Jeans, que daban resultados aproximados para longitudes de onda corta (principio de "ondas de vibración"), que no eran correspondientes a las experiencias de la radiación de un cuerpo negro, la suposición fundamental debe ser falsa.

De manera que encarar la solución del análisis matemático de las curvas de radiación del "cuerpo negro" por el método filosófico de la "deducción" y aplicando la termodinámica clásica, no daba más que resultados aparentemente falsos; antes se pensaba que un oscilador o emisor daba una radiación continua.

Mientras estos estudios se realizaban en centros científicos de Europa, un matemático en la Universidad de Götingen (Alemania), Llamado Max Plank (1858-1947), trabajó por un método inverso, por "inducción matemática", encontrando una ecuación diferencial matemática original y sorprendente indicando que la energía del cuerpo emisor u otro oscilador emiten en forma discontinua, siendo la energía múltiplo entero de una constante "h" que él denominó "quantum" o también llamada constante de Plank que es igual a 6,62 x 10 $^{-27}$ erg/ seg. M.Plank presentó sus estudios en la revista de la Universidad de Götingen en diciembre del año 1900 (nacía el siglo XX).

Esta original idea de Plank no fue interpretada correctamente hasta que el 1905, Albert Einstein (1879-1955) usó el famoso Quantum de energía "h" para interpretar el fenómeno de la célula fotoeléctrica descubierta por H.Hertz (1857-1894) explicando que los fotones de luz, cruzando un cierto umbral de energía generaban una corriente de electrones (electricidad), lo cual fue premiado con el premio Nóbel en 1921 para A.Einstein.

Esta primera aplicación del "quantum de energía" o constante de Plank "h" aplicada nuevamente por Niels Bhor (1885-1962) para explicar las líneas espectrales del átomo de Hidrógeno en la serie de Balmer, con lo cual quedó demostrada la idea de Max Plank aplicada a los electrones externos del átomo era una teoría exacta.

Es notable ver el poder de discernimiento de M.Plank, pues en lugar de tratar de deducir las curvas por medio de la deducción usó el método filosófico de la inducción buscando empíricamente una ecuación que se adaptara a las formas de las curvas de radiación del cuerpo negro, y allí surgió en un exponente una constante que Plank llamó "h" denominándola "Quantum" ahora se dice "Cuanto" de energía que es la más pequeña cantidad de energía del universo.

De modo que si estos resultados no correspondientes a la experiencia de la radiación de un en el mundo físico calculándola Plank con mucha aproximación en el valor que antes hemos expresado: 6,61 x 10^{-27} ergios/ segundo.

Además "h" es múltiplo entero de los números enteros naturales es decir O, h, 2h, 3h, 4h…….nh. La mente clara de Albert Einstein fue el primero en usar esta constante para explicar el fenómeno de la "célula fotoeléctrica" descubierta con anterioridad por H.Hertz, al observar que una placa cargada con un metal sobre una placa de cobre, cuando se iluminaba con una fuerte radiación, producía una corriente eléctrica, lo cual se llamó célula fotoeléctrica, lo cual al producir una corriente de electrones se podían medir con un galvanómetro.

Con este primer escalón de la ciencia, se consolidó el Quantum de energía emitida con los fotones de la luz y, reiterando lo antedicho, sirvió para que le otorgaran el premio nobel de 1921 para A.Einstein.

CAPÍTULO 5.

Siglo XX átomo nuclear electrónico. Cuantos de los electrones externos. Teoría cuántica. La relatividad. El número atómico de Mosseley.

Como resumen de todo lo expuesto en el anterior capítulo debemos reseñar:

1)El átomo de Dalton es real pero los descubrimientos de la electricidad y los experimentos llevaron 2) al conocimiento de los electrones e⁻ (J.J.Tompson) 3) y el núcleo con su masa de átomos y carga positiva (Ernest Rutherford) 4) el estudio y análisis matemático inductivo de las curvas de radiación del cuerpo negro y sus espectros (Plummer y Pringsheim) llevó a M.Plank al descubrimiento de "h" Quantum de energía que es discontinua y la más pequeña energía del universo gobernada por múltiplos de números naturales enteros.

Con este descubrimiento se abre la física en una nueva etapa. Los análisis sobre cómo se cuantifican las energías de los electrones al girar alrededor del núcleo, fueron realizados por el físico danés Niels Bohr, quien cuando era muy joven, conoció a E.Rutherford y sus colaboradores en su laboratorio en la Universidad de Manchester.

Cuando regresó a su Universidad de Copenhague, Dinamarca, se puso a pensar como podría explicarse la situación de los electrones negativos alrededor del núcleo, ya que al ser cargas eléctricas distintas deberían atraerse. Bohr explicó esto en un trabajo publicado en 1913 diciendo que el electrón e⁻ giraba en órbitas estacionarias o estables alrededor del núcleo. Si el electrón era "excitado" por una energía externa, esta debería ser un número múltiplo de "h" o Cuanto de energía, entrando en una órbita nh de tal forma que estaba en un estado de excitación. Al cesar esta energía externa este electrón e- caía a su órbita original estacionaria, emitiendo una radiación, con lo cual pudo calcular y determinar el espectro de las rayas de emisión del hidrógeno según la serie de Balmer.

Es decir, que aplicando los Cuantos de energía de Plank, podían deducirse los espectros de emisión del átomo de hidrógeno de la serie de Balmer, pues la energía emitida era la que grababa la raya del espectro en la película fotográfica.

Esta explicación fue ampliada por A.Sommerfeld (1868-1951) el cual indicó también que las órbitas podrían tener una excentricidad, es decir serían órbitas elípticas alrededor del núcleo, lo cual mejoraba los cálculos de los vectores asignados al electrón de Bohr.

Con estos estudios que certifican los espectros de los electrones externos de los átomos, y cálculos realizados por Bohr/ Sommerfeld quedaba comprobada por segunda vez la teoría de M.Plank.

CAPÍTULO 6.

La teoría cuántica.

Lo que seguiría es la extensión del concepto de las energías cuánticas de los electrones externos de los átomos, que culminarán con la teoría de la "mecánica cuántica" realizada por Erwin Schróedinger 81887-1961) en el año 1930.

El concepto inicial de que los electrones de un átomo se mueven en órbitas bien definidas y número limitado es característico de los inicios del uso de los "quantos" de las teorías de Bohr/ Sommerfeld y puede considerarse que no es más que una representación gráfica aproximada.

Durante mucho tiempo se consideró que los electrones eran corpúsculos, pero un análisis de la emisión de su radiación llevó a Luis de Broglie (1892- 1987) (francés) al concepto de dualidad de onda/corpúsculo, lo cual introdujo nuevas expectativas en cuanto al futuro que se resolverá con el aporte de varios físicos como Werner Heisemberg teoría de la incertidumbre (1901-1976) que introdujo el criterio estadístico en la mecánica cuántica que culmina con la ecuación de E.Schróedinger; el principio de W.Heisemberg se denomina "principio de incertidumbre", premio nobel en 1932, y director del Instituto M.Plank en Gotingen.

Por el cual es imposible predecir con exactitud y determinar la posición y el impulso de un electrón u otra partícula lo cual termina dependiendo siempre de "h" constante de Plank, sólo aplicando criterios estadísticos y teoría de errores se puede tender a una aproximación.

Los principios de toda la evolución de la "mecánica cuántica" fueron condensados en la Teoría de la Mecánica Cuántica, presentada por W.Schróedinger, en el año 1930, también llamada mecánica ondulatoria.

Se deducen de todo este tratado matemático que los electrones de los átomos pueden distinguirse unos de otros por una serie de 4 (cuatro) números cuánticos, que trataremos de explicar con sencillez, pues comprender la obra de E.Schróedinger, es muy profunda y se basa todo en ecuaciones matemáticas.

El número cuántico principal se denomina "N" y representa el número de capas de electrones, "N" se denomina también como número de período en la tabla periódica o Ley de Mendeleef / Mosseley, y por ello "N" es igual a K; L; M; N; O; P; Q; etc., que es igual a decir "N" ~1 capa de electrones. Por ejemplo: para N igual a 1, la capa se llama K; para N igual a 2, la capa se llama L, etc.

Capas de electrones; n= 5 capas de electrones lo cual convierte a n, número cuántico principal en equivalente a número de períodos en la Ley Mendeleef / Mosseley, es decir: el número cuántico secundario es derivado de "N" y se denomina con "L" que es positivo o negativo; es decir -1 y otro +1. Los valores del número cuántico secundario toman valores de "s", "p", "d" y "f", nombres derivados de términos usados en espectografía, que había avanzado mucho en aquel tiempo.

Estos cuatro estados "s" significa "sharp" (agudo o definido) cuya derivada es "p" (de principal), cuya derivada es "d" (definida), y finalmente cuya derivada es "f" (de fundamental).

m_l es el tercer número cuántico o son los que definen el Número Cuántico Secundario.

El tercer número cuántico es m_l y es derivado del número cuántico secundario "l" adquiere valores de +1/2 y de -1/2, según las ecuaciones de E.Schróedinger.

Sus cuantificaciones derivan de nombres usados por entonces muy frecuentemente en la terminología de la espectografía, con los nombres: estado "s" ("Sharp" en inglés que significa agudo – definido) el siguiente número cuántico secundario se llama "p" (de principal), o el siguiente "d" y cuarto nombrado "f" (de fundamental). Estos cuatro números cuánticos terciarios contienen todas las orbitales de los electrones exteriores al núcleo, según se exponen en la siguiente tabla:

Distribución de los electrones según los números cuánticos.

e- Total	Capa	n	l	m_l	nro de electrones
	K	1	0(s)	0	0
2	2				
	L	2	0(s)	0	2
			1(p)	+1 0 -1	6
8					
	M	3	0(s)	0	2
			1(p)	+1 0 -1	6
			2(d)	+2 +1 0 -1 -2	10
18					
	N	4	0(s)		0
2					
			1(p)	+1 0 -1	6
			2(d)	+2 +1 0 -1 -2	10
			3(f)	+3 +2 +1 0 -1 -2 -3	14
32					

El cuarto número cuántico deducido de las ecuaciones de E.Schóedinger es el **"spin"** del electrón que es el momento magnético y cinético propio del electrón al girar sobre sí mismo y se denomina m_s, los valores son solamente +1/2 y -1/2, e incluyendo el principio de exclusión de W.Pauli en cada orbital sólo pueden ser ocupados por 2 electrones (ambos con spines distintos).

Resumiendo, con los cuatro números cuánticos:

n, l, m_l, m_s, se pueden individualizar cada electrón de cada átomo pertenecientes a la Ley de Mendeleef –Mosseley.

Se adjunta como anexo una tabla periódica con todos los datos, símbolos atómicos, Z, número atómico, etc. los distintos números cuánticos de los electrones.

Trabajos de H.G.Mosseley. El número atómico – Z.

Después del descubrimiento de los rayos "X" por W.Roentgen en 1895, varios investigadores estudiaron distintos aspectos de esta radiación descubriendo Sír W.Bragg (1863-1942) y su hijo Sír L.nobre..Bragg (1890-1971) estudiaron la difracción de los rayos X sobre cristales descubriendo al último la ley de su apellido (Ley de Bragg).

Hoy en día se utiliza para determinar estructuras cristalinas sobre todo de especies minerales.

Pero en la universidad de Manchester, un joven físico Henry G.J.Mosseley (1887-1915) estudió la difracción usando distintos elementos químicos en el cátodo del tubo generador de rayos X, rayos que se denominó Número atómico – Z correspondientes; en los espectros de rayos X están en relación lineal con un número entero, estableciendo la ley que lleva su nombre , según la cual la raíz cuadrada de la frecuencia de los rayos correspondientes en los espectros de rayos X están en relación lineal con un número entero que denominó: NÚMERO ATÓMICO (Z).

Este número atómico fue interpretado por E.Rutherford como el número de cargas positivas del núcleo, es decir el número de protones del núcleo atómico.

El joven e inteligente físico H.G.Mosseley, falleció en un desembarco en los Dardanelos, durante la Primera Guerra Mundial, mandado por los siempre "inhumanos" ingleses, ¡cuánto bien habría contribuido su preclara inteligencia a la ciencia universal!.

Los isótopos. Trabajo de F.Aston.

En la discusión de las masas atómicas se emplea una unidad de masa muy pequeña, alrededor de L, 660 x 10^{-24} gramos.

Este número es muy pequeño. Será explicado a continuación.

La masa de un átomo de hidrógeno, formado por un protón y un electrón es de 1,0078 unidades másicas. El hidrógeno ordinario consta casi enteramente de dos átomos, pero además contiene alrededor de una parte, cinco mil átomos de hidrógeno de otros átomos de hidrógeno más pesados cuya masa es de 2,0143 unidades másicas, que se denomina DEUTERIO. Al núcleo de átomos de átomo de deuterio se lo llama DEUTERON, tiene la misma carga que el hidrógeno, pero unas dos veces su masa. A estas partículas con igual número atómico, pero con distinta masa se los llamó ISOTOPOS. El hidrógeno y el deuterio son los isótopos estables del hidrogeno.

El descubrimiento de los ISOTOPOS fue realizado por el físico inglés Francis ASTON (1877-1945) describiendo su hallazgo en 1919. Los trabajos de Aston fueron la continuación de los experimentos de J.J.Thomson, pero F.Aston usó unos electroimanes en forma de toroides para desviar la emisión de los rayos de un elemento contenido en el cátodo.

En aquel momento de la historia de la estructura atómica, se suponía que debería existir otra partícula en el núcleo de una masa, parecida a la del protón.

Recién en 1932 se descubre el NEUTRON, por el trabajo de James Chadwick (1891-1874), cuya masa resulta casi igual a la del protón.

Con el descubrimiento de los Isotopos se crea el concepto de NÚCLIDO que son los átomos de igual Z (número atómico) e igual masa atómica. Se conocen entre los isótopos de los elementos químicos naturales más de 1500 NÚCLIDOS.

CAPITULO 7.

La física de las partículas desde 1932 hasta 1964.

Hemos visto cómo el concepto del átomo mázico de Dalton termina convertido en el átomo Nuclear – Electrónico con un núcleo formado por protones (+) y neutrones (0) rodeados por electrones que giran alrededor del núcleo a gran velocidad, en órbitas (Bohr/ Sommerfeld) y cuantificados por la mecánica cuántica de E.Schróedinger (junto W.Heisemberg, L.de Broglie, Paul Dirac, W. Pauli junto con la Relatividad de Einstein, y aportes de Enrico Fermi con Wolfgang Pauli) que llegaron por el trabajo original de James Chadwick –radiación de pantalla de Berilio- al conocimiento del Neutrón y la inestabilidad del neutrón fuera del átomo, dando un neutrón igual a un protón +, un electrón (débil) y una pequeña partícula casi sin masa que Fermi denominó

Un esquema de la cámara de Wilson y una fotografía reducida se dan a continuación:

Trazas de una partícula que se curvaba en un campo magnético, igual que la de un electrón, aunque se sentido contrario, fue definido por Pauli y Fermi como "NEUTRINO" (de neutrón pequeño), es decir: $N = p+ +e^- \sqrt{}+$ (neutrino).

El neutrino poseería una masa casi nula, pero además tiene una muy pequeña carga eléctrica y una gran velocidad, por estas características es una partícula muy penetrante. Lo que no se conocía era como se mantenía dentro del neutrón.

E.Fermi y W.Pauli denominaron a esta partícula con el nombre de neutrino y a todo el proceso descubierto por Chadwick se lo denominó radiación de Berilio a todo el fenómeno.

Estos conceptos tenían perplejos a los físicos durante varias décadas y aún hoy se siguen estudiando al neutrino, lo cual explicaremos casi al final de este trabajo.

Al mismo tiempo que se desarrollaban estos interesantes descubrimientos, se comenzaron a revisar cuales eran los instrumentos con los que contaban los físicos para la detección de las partículas. Digamos que después del descubrimiento de la fotografía usada por H.Beckerel como medio para detectar la radiactividad; otro de los métodos fue la "scintilación" o reflejo de las partículas alfa sobre las pantallas cubiertas de sulfuro de cinc y otro fue el descubrimiento de la llamada cámara de Ch.T.Wilson (1869-1959) también denominada "cámara de nieblas de Wilson".

Esta cámara es un tubo cilíndrico, dentro del cual un embolo perpendicular al cilindro donde se ha colocado un poco de vapor de agua con un poco de vapor de alcohol. La superficie del cilindro esta cubierta por una lámina de vidrio pegada en sus bordes, creando una cámara estanca; cuando el embolo desciende, todo el líquido se evapora creando una neblina de agua y alcohol dentro de la cámara.

Cuando una partícula ya sea radiactiva o cósmica penetra desde el exterior, dentro de la cámara se produce una descarga con los electrones del átomo de hidrógeno, que tiene el vapor de agua y alcohol, produciendo una especie de línea que se puede fotografiar para retener el efecto.

La partícula puede ser generada por una sustancia radiactiva (emisiones α, β, γ) o por otras pártulas que provengan de algún aparato acelerador de partículas, o desde el espacio cósmico.

Este instrumento muy simple fue reproducido en casi todos los centros de investigación de física del mundo, en universidades e institutos de investigación y aportó mucho a descubrimientos de muchas partículas que describiremos luego.

CAMARA DE NIEBLA DE C.T.T. WILSON; VISUALIZA LAS TRAZAS DEJADAS POR LAS PARTÍCULAS IONIZANTES EN SUS RECORRIDOS

Poco después se descubrió por C.Powell (1903-1969) otra partícula que fue denominada pión "Pi" (π), que existía en estado π^o, estado positivo π+, o en estado negativo π-.

La partícula lambda (λ) tiene una masa superior en 1000 veces la del electrón.

La aparición de esta partícula Lambda) (era un aéntico evento EXTRAÑO, por lo cual se dio a llamar a estas partículas como "extrañeza".

Aparecía un nuevo capítulo en la clasificación de las Partículas.

Este descubrimiento llevó a los físicos de las décadas de 1930 al 40 a considerar la existencia de que a cada partícula debería existir la de signo contrario (o antimateria)

Esta partícula había sido prevista por el inglés Paúl A.M.Dirac

(1902 -1984) empeñado en el desarrollo de una versión de la mecánica cuántica que se mostrara coherente con la relatividad especial. Estos estudios lo llevaron a pensar en una partícula de signo contrario a la del electrón pero de igual tamaño y momentos.

Es decir el POSITRON es casi igual en masa al electrón pero con carga opuesta.

El descubrimiento de C.Anderson que evidentemente provenía del espacio interestelar, eran partículas raras, denominándose "antimateria", pues eran igual en tamaño, pero de signo opuesto al electrón.

Dada sus masas entre el protón, neutrón y los mesones se los denominó generalmente como HADRONES. También se descubrieron los mesones K o Kaones, con masa mayor de 1000 veces la del electrón. Con lo cual se amplía el conjunto de mesones.

Con cámaras de Wilson efectivamente, un par de años más tarde S.H.Nieddermeyer y C.A.nderson (de CalFec) experimentando con una Cámara de Nieblas de Wilson, encontraron también al intercalar con un tubo de Geiger un rayo penetrante de cargas + o -, que por su masa, ellos llamaron MUON, o (μ).

Esta partícula tenía una masa de 240 veces la del electrón y como lo predecía H.Yukawa era un MESON.

Con cámaras de Nieblas de Wilson lograron recordarse en fotos de ambas partículas opuestas en signo.

Colocando en el fondo de una Cámara de Nieblas de Wilson una lámina de Plomo y la expusieron a la radiación cósmica. Observaron una serie de "residuos" de interacción y también una curiosa forma de una V invertida (λ) que denominaron partícula LAMBDA que se transmutaba en un protón + Pión (π), con un tiempo de vida de 10^{-10}

segundos.

Al final se dedujo que los muones existían, pero no intervenían en la cohesión del núcleo, y sus masas eran intermedias entre los protones y neutrones del núcleo y los electrones externos; de allí su denominación de meson.

Además debemos incluir el instrumento que detecta partículas procedentes de la radiactividad o detector de Geiger, que consta de un tubo con un gas inerte que lleva un alambre metálico rígido en el centro y que se conecta a una fuente de alto voltaje. Cuando una partícula que atraviesa el tubo, toca el electrodo central se produce una descarga que tomada por un amplificador, desde el exterior produce o un chasquido o puede ser medido por un galvanómetro.

En la cámara de Nieblas de Wilson se observó que un meson se desintegraba en un electrón y en dos neutrinos. Al principio se pensó que los mesones eran partícipes de los núcleos, pero hacia 1947 se descubrió, con experiencias de llevar películas con emulsión fotográfica a la cima del monte Kilimanjaro (5560 ms) Kenya (Africa) donde se encontraron cantidad de mesones por un grupo de físicos de la Universidad de Bristol.

También en 1947 dos investigadores de la Universidad de Manchester, Inglaterra, dedujeron que los muones existían pero no intervenían todos en la cohesión de los núcleos y sus masas eran intermedias entre el electrón y los neutrones y protones (nucleones), de allí su denominación de mesones.

Pero como todas estas partículas, protones, neutrones y mesones eran partículas cuya masa era más pesada se denominaron "hadrones".

También antes de 1950 se descubrieron una serie de mesones que se llamaron mesones K o kaones, que formaban una serie K^o, K^-

[1] y K+1 cuyas masas eran 1000 veces mayores que los electrones., y con el siguiente experimento: colocaron una cámara de nieblas de Wilson, con una lámina de plomo en el fondo, y la expusieron a la radiación cósmica observando sobre la foto del experimento, unas formas desconocidas hasta entonces, con forma de una V invertida, por eso la llamaron partícula "lambda" (λ) que se transmutaba en un protón (p) y en un Pión (π) con un tiempo de 10^{-10} segundos.

La aparición de estas partículas "lambda" (λ) era un auténtico evento extraño por lo cual se dio a llamar a estas partículas "extrañeza". Aparecía un nuevo capítulo en la clasificación de las partículas.

Comentarios sobre dimensiones de partículas.

Hemos visto, es decir $E = m \times c^2$ (ecuación de Einstein).

Es por ello que podremos ahora describir las masas de las partículas en función de Energías.

El electrón Voltio se define como la cantidad de energía adquirida por una partícula (electrón) cuya carga se mueve de un punto a otro entre los que existe una diferencia de potencial de 2 Voltios. Hay muchos ejemplos para presentar; por ejemplo una batería de un automóvil, un electrón que pase de un borne (o polo) al otro, adquirirá una potencia de 12 voltios, etc.

En el sistema de unidades c.g.s. tendremos que 1 Voltio = 1,6 x 10^{-12} ergios.

Dado que la masa y la energía están relacionadas por la ecuación de Einstein, podemos decir que el equivalente al valor energético del electrón se puede expresar en electrón Voltio, es decir, en energías:

$$m.c^2 = 0,51 \times 10^6 \ eV$$

Mientras que para el protón obtenemos:

$$m.c^2 = 939 \times 10^6 \ eV$$

De esta forma podemos expresar todos los tamaños de las partículas en forma de energías.

Valor	Abreviaturas eV	Nombre completo. Electrón Voltio
10^3 eV	KeV	Kiloelectrón Voltio
10^6 eV	MeV	Megaelectrón Voltio
10^9 eV	GeV	Gigaelectrón Voltio
10^{12} eV	TeV	Teraelectrón Voltio

Para todas las partículas expresadas tendremos la siguiente tabla:

Partículas	Masa para partículas o energía (para fotones)
Electrón	0,511 MeV
Muón μ	105,7 MeV
Pión π+	139,6 MeV
Pión º π°	135,0 MeV
Kaón k	493,7 MeV
Partículas	**Masa para partículas o energía (para fotones)**
Protón – p-	938,3 MeV
Neutrón – n-	939,6 MeV
Lambda λ	1.115,6 MeV
Fotones (luz visible)	10 eV
Rayos X	≈100

CAPÍTULO 8

La relatividad. Trabajo de A.Einstein.

Albert Einstein 81879-1955) nació en Ulm Wurtemburg, en Alemania. Cuando era estudiante, en sus comienzos, algunos maestros creían que no era suficientemente inteligente y hasta intentaron sacarlo del colegio. Superado éste inconveniente, estudió en la Academia Politécnica de Zurich donde se graduó en 1900. En ese mismo año se nacionalizó en Suiza y obtuvo un puesto en la oficina de patentes.

Por sus ideas pacifistas, su ascendencia judía y las persecuciones antisemitas, abandonó Alemania y se radicó en Estados Unidos de América donde se incorporó al Instituto de estudios avanzados de Princeton, y se nacionalizó Norteamericano en 1940.

Desde Princeton se dedicó a los estudios y se consagró a la física y matemáticas y a la investigación.

En el mismo año en que se doctoró Einstein publicó cuatro artículos verdaderamente revolucionarios.

El primero de esos artículos (traducido al castellano) fue "Sobre el movimiento de partículas pequeñas suspendidas en un líquido estacionario, requerido por la teoría cinética molécula del calor".

El segundo artículo "Sobre el punto de vista Heurístico", respecto a la producción y transformación de la luz (heurístico: método de investigación de fuentes históricas).

En este artículo Einstein propone una teoría "quántica" de la luz, afirmando que la luz se trasmite en paquetes (los fotones) de energía proporcional a su frecuencia, que se comportan como ondas y a su vez como partículas (principio de "de Broglie") a pesar del carácter ondulatorio del conjunto.

Aplicando este concepto explicó el fenómeno de las células fotoeléctricas descubierto por Heinrich Hertz y estudiado por Ph.Lenard. En este trabajo Einstein introduce por primera vez el concepto de "quantum" de energía de Plank (h) revelando que entre un haz o paquete de fotones se puede generar relativamente una corriente de electrones. Por este descubrimiento del fenómeno fotoeléctrico le fue otorgado el premio Nobel en 1921.

En los restantes artículos describe A.Einstein la "teoría especial de la relatividad". El tercero de estos artículos, "Sobre la electrodinámica de los cuerpos móviles" propone que la velocidad de la luz en el vacío es una constante de la naturaleza y no depende del estado de reposo o movimiento del cuerpo que emite la luz o la detecta. Como consecuencia de este postulado Einstein dedujo las ecuaciones de Lorentz, la contracción espacial de George F.Fitzgerald y la dilatación temporal, y explicó el resultado negativo del experimento de Michelson – Mosley. Además unificó el tiempo y el espacio en un tiempo "espacio-tiempo cuatridimensional" introduciendo las geometrías no euclideanas (geometría de B.Riemann). Estos estudios de los "tiempos relativistas" fueron estudiados por Minkowski y por los Ing.Kalusa (ruso) y Klein (alemán) que colaboraron en estos trabajos junto a Einstein.

En el cuarto artículo "depende la inercia de un cuerpo de la energía que contiene". Einstein lleva la relatividad especial hasta sus últimas consecuencias y demuestra que la energía y la masa son intercambiables, deduciendo en este trabajo su famosa fórmula: "La energía equivalente a una masa es igual al producto de dicha masa por el cuadrado de la velocidad de la luz", a la que se llamó la ecuación del siglo XX: $E = m \times c^2$.

En 1916 durante la segunda guerra mundial, Einstein publicó su trabajo "Fundamentos de la teoría general de la relatividad" artículo mucho más revolucionario en Física, en el que gravitación no es una fuerza (hoy se contraría este concepto) sino una propiedad geométrica del universo.

Expuso en su "teoría general de la relatividad" demostrando la equivalencia entre inercia y gravitación, estableciendo las relaciones entre espacio, tiempo, materia, energía, gravitación e inercia.

Algunos físicos de aquellos tiempos trataron de comprobar con pruebas clásicas la relatividad que proponía Einstein:

1) Desviación de la órbita de Mercurio.

2) La segunda prueba se basa en una consecuencia de la teoría general de la relatividad que la diferencia de la física clásica, pues predice que la luz ha de ser desviada por campos magnéticos intensos. Einstein propuso que durante un eclipse de sol se comprobará que la luz de una estrella próxima se desvía, al pasar junto al sol. El día 29 de marzo de 1919 Arthur Stanley y Eddington realizaron la comprobación.

3) La tercera prueba propuesta por Eddington aprovecha otra consecuencia de la relatividad general; que la luz al salir de un objeto de gran masa debe perder energía y por lo tanto frecuencia, lo que da un corrimiento al rojo con un espectroscopio, de origen gravitatorio.

La relatividad general permitió a Einstein formular una ecuación aplicable al Universo, iniciando así la Cosmología Moderna.

Este trabajo permitió predecir que el Cosmos se encuentra en estado de expansión.

También intentó en los últimos años llegar a una teoría de la unificación de los campos. Pero no llegó a ninguna conclusión.

Al tratar de interpretar la mecánica cuántica tuvo también inconvenientes sobre todo con el principio de incertidumbre (W.Heisemberg).

Einstein decía que "Dios no juega a los dados".

Dejó escritos varios libros que se pueden conseguir como "el significado de la relatividad" en colaboración con L.Infeld.

Debemos señalar acá, que las Teorías de la Relatividad revolucionaron toda la física del siglo XX y en adelante.

Una de sus consecuencias fue el desarrollo de la fusión –fusión de los átomos radiactivos- convertidos en EEUU, en un mega proyecto (proyecto Manhatan) que llevó a la concreción de las primeras bombas atómicas y luego al uso pacífico de la energía nuclear (reactores nucleares).

Para rendir un homenaje al descubrimiento de la primera etapa en 1905, en el año 2005 se publicó un trabajo de síntesis en Córdoba, en un libro denominado RELATIVIDAD por el Dr Roberto Sisteró del "FAMAF, Universidad Nacional de Córdoba (editorial comicarte-2005)".

Esta obra se puede consultar, pero es necesario un profundo conocimiento de matemáticas, de cálculo vectorial y tensorial.

En algunos artículos y obras de autores, sobre la vida de A.Einstein se narran muchos pensamientos de este ilustre sabio del siglo XX.

Descubrimiento del Neutrón. James Chadwick (1891-1974)

Mientras se estudiaban los componentes del átomo y su núcleo, E.Rutherford creía que los componentes del núcleo eran idénticos al que tenía un átomo de Hidrógeno, partícula positiva (+) cuya masa aproximada era 1. Pero si se aplicaba a un átomo de Oxígeno (O) de peso atómico 16, y número atómico 8 no podía entenderse como podría tener un núcleo con 8 + 8 protones, y solo 8 electrones externos.

Por aquellos tiempos se estudiaba la desintegración de distintos átomos entre ellos el Nitrógeno.

Otros científicos como la hija de Marie Curie, Irene, casada con F.Joliot formaron un equipo en Francia y se dedicaron a observar la emisión de rayos más penetrantes, por la emisión de Polonio, que daba rayos alfa muy rápidos. Estos experimentos denominados "efectos de Joliot-Curie" parecían indicar que estos rayos alfa cuando penetraban una lámina de Berilio (Be) observando que las partículas que se emitían, no eran desviadas por un campo magnético.

James Chadwick (1892-1974) era un ayudante de Rutherford en la Universidad de Manchester y conocía bien los fenómenos de los choques de partículas alfa contra blancos metálicos, pero en 1930 estaba en el Laboratorio Cavendish de la Universidad de Cambridge; y al leer los experimentos de los Joliot-Curie, estos pensaban que se violaba la ley de conservación de la energía.

Esto lo llevó a profundizar en los ensayos de emisión de partículas por colisión de rayos alfa contra una lámina de Berilio metálico, y vió que las partículas que obtenía, tenían una masa casi igual a la del protón; pero no tenían polaridad, y tenían una velocidad menor que la del protón.

Chadwick comunicó sus estudios en 1932 y denominó a estas partículas neutras con el nombre de NEUTRON, con una masa aproximadamente igual a la del protón, sin carga; pero que tenían dos condiciones: la conservación de la energía y la conservación del momento.

También observó que estas partículas cuando eran emitidas daban al final un protón más un electrón y otra clase de radiación sin masa. En estos estudios también intervino Werner Heisemberg, que había introducido en la mecánica quántica, el principio de Incertidumbre.

Chadwick publicó su trabajo en dos revistas: primero en Nature el 27 de febrero de 1932 y en Procedings of The Royal Society unos meses después.

Cuando comunicó por cartas estos hallazgos a W.Pauli y a E.Fermi, éstos llamaron Neutrón a la partícula, y Fermi denominó a la radiación final "neutrino" (de neutrón más pequeño).

Con este descubrimiento se contó entonces, como debería conformarse al núcleo de los átomos: por un conjunto de protones (positivos) y neutrones (neutros) pero de masa casi igual.

Con el descubrimiento del neutrón, se pudo tener una idea clara del ÁTOMO NUCLEAR ELECTRÓNICO.

Resumen partículas del átomo. Siglo XIX y XX, hasta 1932.

En 1808 Dalton describe que las partículas últimas de la materia son los átomos (teoría atómica de Dalton). A.Avogadro define las moléculas (definidas por L.Cannizaro). 1° Congreso Internacional de Química en Karisrhue (1860). Berzelius propone la nomenclatura de los elementos químicos. Dimitri Mendeleef descubre la "Tabla periódica de los átomos".

Descubrimiento de la electricidad y el electromagnetismo y la inducción electromagnética.

Estudios de las descargas eléctricas en tubos al vacío.

Descubrimiento del electrón por J.J.Thompson (1896).

Descubrimiento de la radiactividad natural (H.Beckerel) 1895.

Descubrimiento del núcleo del átomo. Trabajos de E.Rutherford (1914).

Trabajos de espectografía. Estudios sobre la radiación del "cuerpo negro".

Descubrimiento de M.Plank de la constante "h" (quantum de energía).

El fotón, diciembre de 1900.

El número atómico ("Z"). H.Mosseley (1913).

Los isótopos (F.Aston) 1914.

Teoría de la relatividad. A.Einstein (1905-1920).

Descubrimiento del Neutrón. (J.Chadwick) 1932.

Teoría de la cuantificación de la energía en los electrones externos al núcleo. Mecánica cuántica (trabajo de Erwin Schröedinger, N.Bhor y W.Heisemberg, Sommerfeld, Luis de Broglie, W.Pauli). Los números cuánticos: n, l, m_l, ms. (1919 a

1930).

En resumen el original átomo de Dalton es una partícula que tiene un núcleo formado por Protones (+) y Neutrones (carga 0) llamados "nucleones", alrededor giran a una gran velocidad los electrones (aproximadamente a 30.000 K/seg). En un orbital (teoría de exclusión de Pauli) sólo pueden coexistir dos (2) electrones, ambos con distintos spines.

Y entre el núcleo del átomo y los electrones hay un gran espacio vacío.

Aceptando la "teoría de la incertidumbre", podemos comparar un átomo de Hidrógeno con el tamaño de una cancha de fútbol, en el centro el protón tendría el tamaño de una naranja, y el electrón gira alrededor del núcleo como si fuera una pelotita de ping- pong. Todo el resto está vacío.

Esquemas del átomo nuclear electrónico.

Núcleo de Hidrógeno   Núcleo de Deuterio

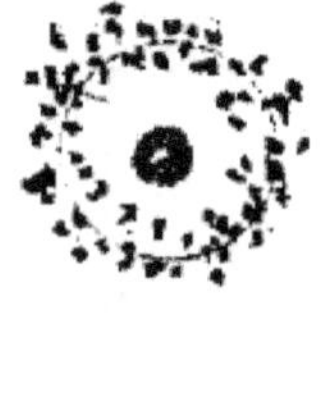

a)   b)

a)   Órbitas según Bohr/Sommerfeld.

b)   Aplicación de la Incertidumbre de W. Heisemberg. El electrón forma como una nubecilla alrededor del núcleo.-

Esquema de un Átomo Nuclear Electrónico

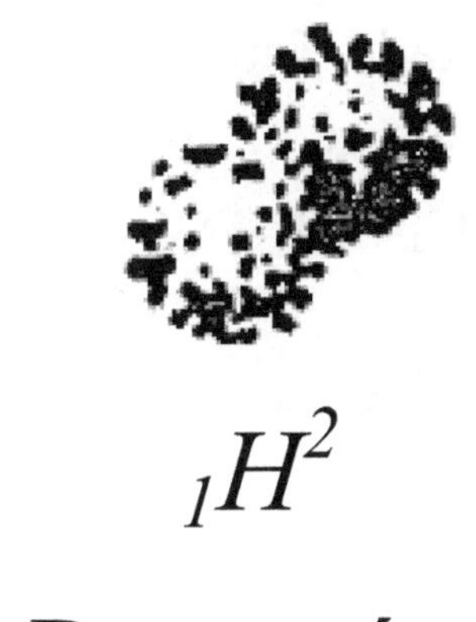

$$_1H^2$$

Deuterón

El Núcleo está formado por un proton y un neutron y con O_2 forma el agua pesada

Se siguen estudiando al neutrino lo cual explicaremos casi al final de este trabajo.

CAPÍTULO 9

Detectores de partículas.

Los detectores de partículas han evolucionado mucho en el tiempo de las investigaciones y a medida de sus requerimientos. Podemos enumerar mientras transcurria el tiempo los siguientes **detectores**:

1. Fotografía-autofotografía (H.Beckerel)

2. Scintilación (placaZnS) Electrón /part.Gmma y núcleo E.Rutherford.

3. Detector Geiger.

4. Cámara de nieblas de Wilson.

5. Cámara de burbujas (de hidrógeno líquido)

6. Uso de computadoras (descubrimiento de J.von Newman (suizo de origen Húngaro).

7. Cámara de filamentos.

8. Detector de Pavlov A.Cerenekov.

FOTOGRAFÍA- AUTOFOTOGRAFÍA.

El descubrimiento de la fotografía fue realizado por Niepce J.N. (1765-1833) el cual comunicó sus ensayos a Luis J.Daguerre (1787-1851) el cual fue el auténtico descubridor de la acción de la luz sobre placa con sales de plata que tratados posteriormente con una solución de hiposulfito de sodio quedaban fijadas.

Una serie de posteriores investigadores consiguieron llevara a la fotografía (inicialmente denominada Daguerrotipia) a una situación de prosperidad. Al principio se dedicó todo el esfuerzo a fotografiar las estrellas, el sol, la luna.

La proliferación de fabricantes de placas de fotografía se popularizó.

Fue en 1896 cuando el francés H.Beckerel logró determinar la radiactividad natural con la impresión de los distintos tipos de rayos radiactivos, rayos α, β y γ.

Lo cual se denominó autofotografía para todos los trabajos.

SCINTILACIÓN.

La scintilación es la provocación de una luminosidad al incidir un haz de partículas sub-atómicas sobre una plancha cubierta de sulfuro de cinc.

No hemos podido comprobar quien fue el primer científico que descubrió el proceso.

Pero fue J.J.Thomson quien a fines del siglo XIX utilizó esta propiedad para investigar la relación de carga/masa del electrón, en el laboratorio Cavendish, Universidad de Cambridge. Inglaterra.

Luego fue estudiada por E.Rutherford y sus colaboradores H.Geiger y F.Soddy, quienes junto con Marsden dedicaron más de una década de experimentos para medir la cantidad de partículas (gamma) que provocaban scintilación al pegar sobre placas de sulfuro de cinc.

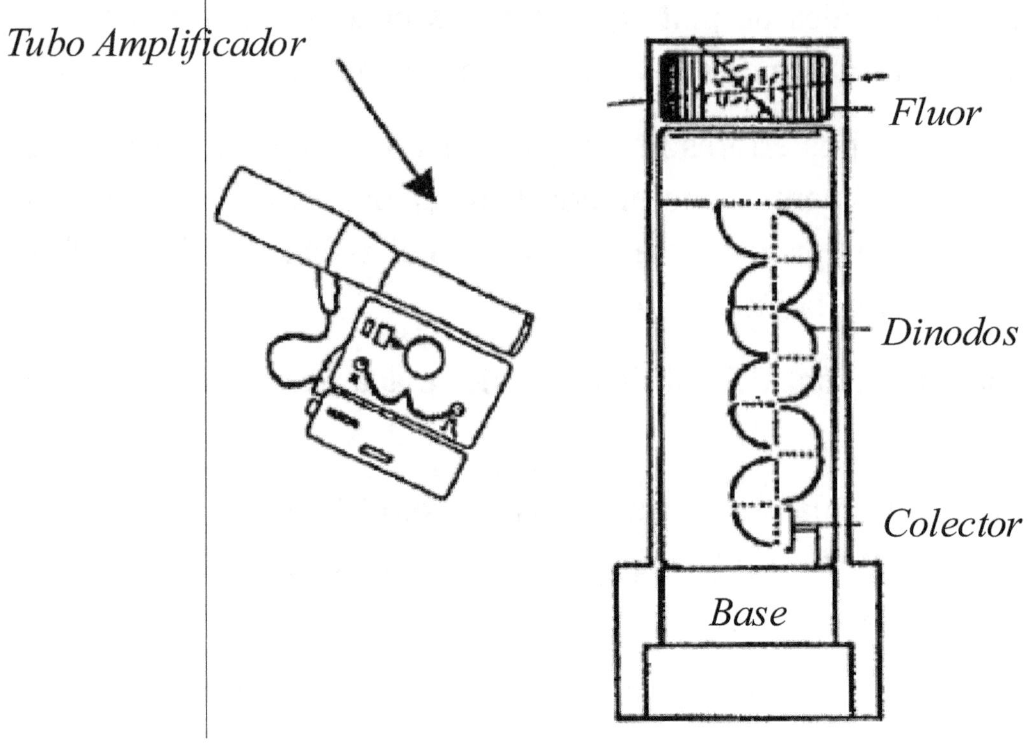

cintilómetro

Los scilitilómetros consisten en una pastilla o cristal fluorescente montada en el tubo fotomultiplicador, cubierta con una placa delgada de aluminio.

El monocristal o pastilla suele ser de INa o de IK o de ICs, donde penetran la radiación de la radiactividad, partículas α, β y γ. Pórticos de tipos de polistireno con atraceno, detectan las partículas β y una capa delgada de sulfuro de cinc depositada sobre un plástico, marca las partículas α y γ.

Cuando una partícula atraviesa el tubo foto multiplicador dentro de la pastilla, esta emite luz y a su vez expulsa electrones en el foto cátodo por el efecto foto eléctrico.

La multiplicación del efecto por los nodos produce un impulso eléctrico que es registrado por un contador el cual deja visualizar estos impactos en un galvanómetro externo que se puede leer. Al mismo tiempo tiene un indicador auditivo.

Y para resolver el número de cuentas tiene una resistencia que marca los rangos y las cantidades de partículas radiactivas detectadas.

DETECTOR DE GEIGER.

Los contadores de Geiger Müller están constituidos por un tubo que contiene un gas dentro del cual corre un electrodo negativo y el electrodo centro es positivo.

Cuando penetra una de las partículas radiactivas β o γ se produce una descarga en el electrodo central, dado que se provoca la ionización de nuevas moléculas con la diferencia de potencial logrado, el pulso de la descarga se puede leer en un galvanómetro exterior. También tienen un sistema auditivo que revela cuando hay radiactividad.

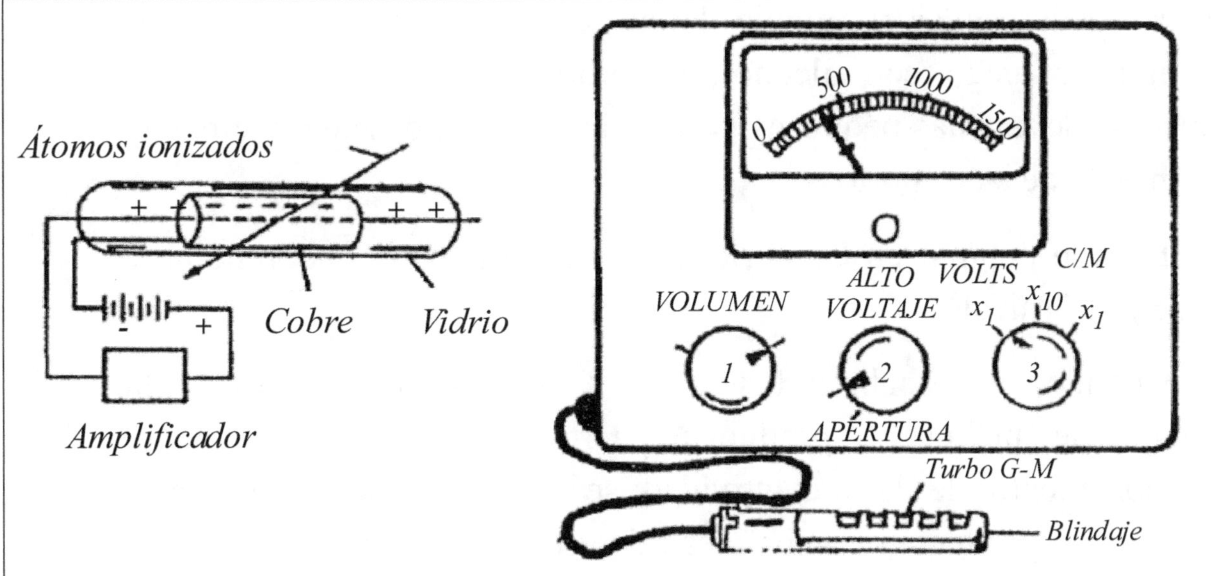

CÁMARA DE NIEBLAS DE WILSON.

Cuando Charles Thomson Rees Wilson (1869-1959) tenía 25 años, se aventuró con otros dos compañeros de la Universidad de Cambridge, a conocer el observatorio más boreal de Inglaterra en el cerro Ben Nevis, en Escocia.

Allí quedó impresionado por la serie majestuosa de las auroras boreales, los "fuegos de San Telmo" y otros fenómenos de la atmósfera boreal. Siempre pensando en estos espectros luminosos, comenzó a pensar como construir un aparato que le proporcionara un símil de las nieblas que admiraba por los espectaculares fenómenos ópticos que observó en el pico más alto de Escocia.

Así fue que en aquel momento todos admiraban a J.J.Thomson que había logrado determinar al electrón y E.Rutherford estudiaba con otros ayudantes determinar el "núcleo" del átomo.

Mientras esto sucedía Ch.Th.R.Wilson llegaba a producir su primer aparato denominado la "cámara de Nieblas de Wilson", sin pensar que había inventado un dispositivo que serviría útilmente a la física. Al descender el émbolo donde se había colocado unas gotas de agua y luego con alcohol, se producía niebla artificial que constaba de muchas pequeñas gotitas de agua vaporizada, recreando una niebla de laboratorio.

Era tan popular en Cambridge, que le pusieron el sobrenombre de "cloud" (niebla).

Cuando se descubren los rayos X, se vio que dentro de la cámara de niebla se producían ciertos efectos. Pero con el descubrimiento de la radiactividad se observó que las distintas radiaciones producían como líneas dentro de este aparato, y luego que un electrón también dejaba su rastro al chocar con las pequeñas gotitas dentro de la cámara. El primer aparato se construyó en 1912.

Rutherford y J.J.Thomson quedan asombrados por este peculiar instrumento que será útil a la física durante casi medio siglo.

En 1909 un físico austríaco Victor Hess descubre que los rayos cósmicos son detectados por medio de una cámara de Wilson.

Con el pasar del tiempo muchísimos físicos descubrirán muchas partículas gracias a la condensación de las gotitas de agua de la cámara de nieblas de Wilson, los rayos alfa, el electrón, el muon, el positrón (o antimateria) y las cascadas de rayos cósmicos.

Nunca nadie pensó en que el autor Ch.Wilson fue un pragmático que abrió un enorme campo en la física de las partículas.

Se muestra una fotografía del rastro de un electrón y un positrón fotografiados sobre una cámara de Wilson. El electrón lleva una carga negativa y el positrón carga positiva, externo a la cámara de nieblas se coloca un electroimán que diferencia los trazos de ambas partículas.

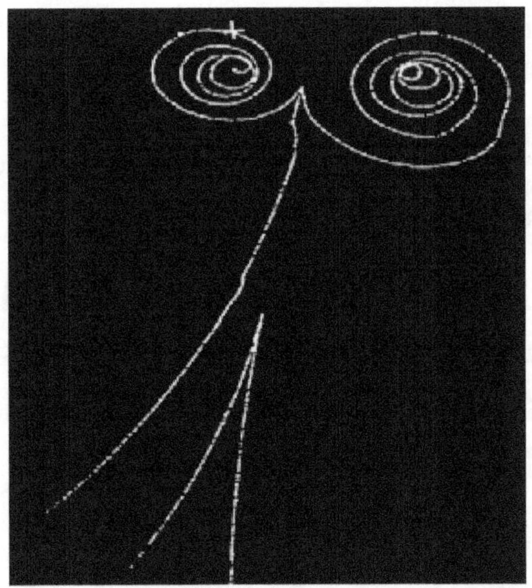

POSITRÓN Y ELECTRÓN FOTOGRAFIADO EN UNA CÁMARA DE WILSON

EMULSIONES DE SALES DE PLATA (C.Anderson).

Como ya vimos en el fenómeno de la fotografía, con el cual se descubrió la radiactividad natural, un físico de la Universidad de California C.Anderson y otros científicos realizaron la experiencia con una gelatina gruesa que llevaba sales de plata, y las ubicaron en cerros muy altos de la corteza terrestre (más de 5000 metros) y observaron una vez reveladas las placas, los primeros rayos cósmicos. También en 1939 Anderson y Niedmeyes del CalTech, usaron una cámara de Wilson que llevaba en su interior un tubo de Geiger, con lo cual pudieron determinara la masa y carga de una nueva partícula que luego se llamaron muones, que habían sido predichos por el sabio japonés T.Yukama y se llamaron MESONES.

CÁMARA DE BURBUJAS.

A mediados del siglo XX la famosa cámara de nieblas de Wilson había resuelto importantes descubrimientos en la física de las partículas, pero ya comenzaban a aparecer los primeros aceleradores de partículas y era un aparato muy pequeño.

Un físico de laboratorio Fermi, cerca de Chicago, propuso la generación de una nueva cámara de burbujas, pero de temperaturas muy bajas, cercanas al 0° Kelvin.

El descubridor fue Donald Glaser, el cual sugirió la construcción de una enorme cámara -crioscópica-llena de hidrógeno líquido. Cuando una partícula sub atómica la atravesaba producía (similar a la cámara de nieblas), una trayectoria de las partículas.

CÁMARA DE HILOS (CERN).

En las nuevas cámaras de burbujas se reproducen los "eventos", pero luego es necesario esperar un tiempo para estabilizar el gran equipo, lo cual es tedioso.

Para suplir este inconveniente se creó un instrumento en el CERN (de la Comunidad Económica Europea) que constituye una serie de cámaras que contienen 70.000 hilos de 20μm, a distancias de 2mm. Cada uno, constituyen un detector independiente provistos de su electrónica y capaz de contar un millón de partículas por segundo. La trayectoria en el espacio se hace gracias a hilos orientados en direcciones ortogonales. Cada hilo va equipado de un sistema electrónico de registro que comprende un amplificador, un dispositivo que retarda la impulsión durante un microsegundo a fin de dar a los circuitos el tiempo de rechazar o aceptar; y un circuito complejo que permite la transferencia de datos a las memorias de las calculadoras que controlan el sistema. Si un "suceso" es juzgado aceptable por los contadores auxiliares ultrarápidos; Basados en general en contadores de centelleo o contadores Cerenkov, cuya respuesta se obtiene a veces en menos de cien mil millonésimas de segundo y registra en la memoria de la calculadora.

El detector está inserto en el entrehierro de un imán de 2 mts de alto, 12 mts de largo y 3 mts de ancho para curvar las trayectorias de las partículas y conferir así el momento de las partículas. Luego los físicos calculan todos los parámetros de las partículas.

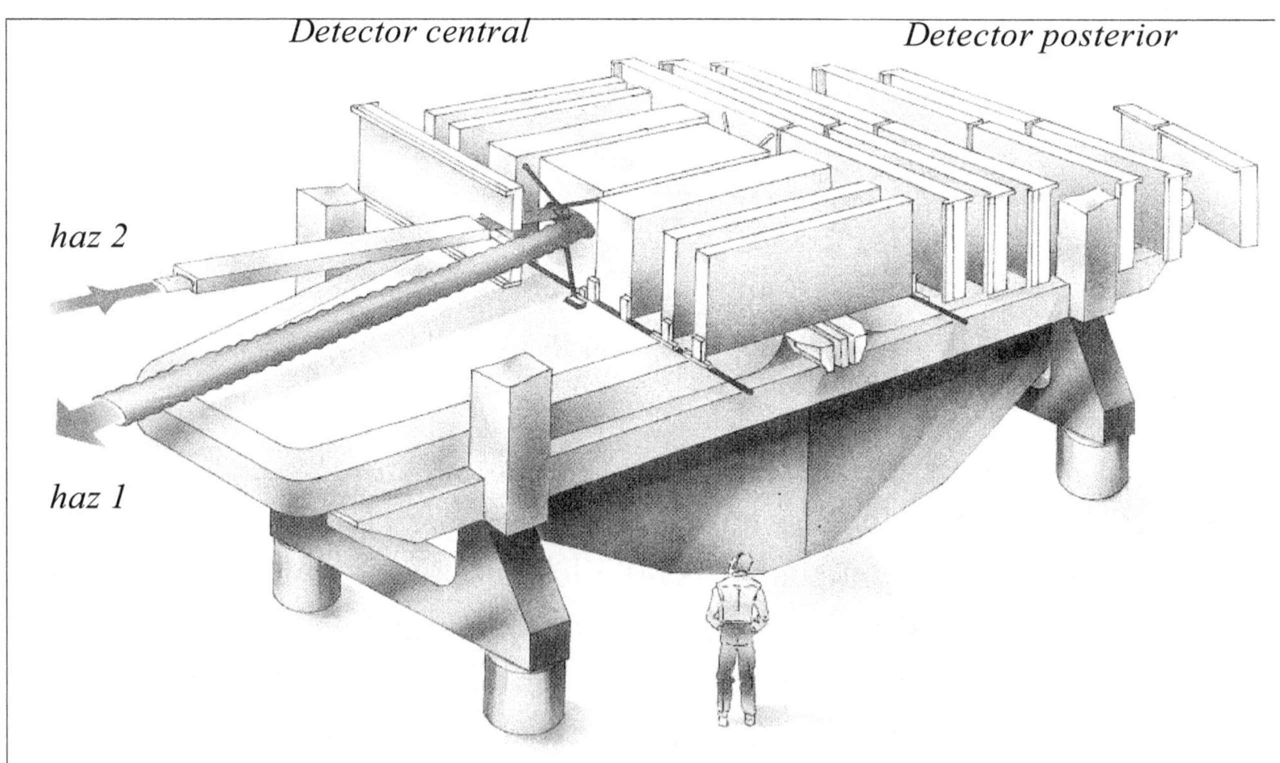

CÁMARA DE HILOS - CERN

CONTADOR DE CERNEKOV.

Pavel Alexejevich Cernekov (1904-1990) fue un físico ruso que se interesó desde 1930 en los efectos de las radiaciones sobre sustancias transparentes, descubriendo después de muchos trabajos un tipo de detector de partículas que llevan su nombre y ahora son utilizadas por todos los centros de investigación de física de las partículas del mundo.

Este fenómeno había sido ya identificado por los esposos Curie, pero no le prestaron atención.

Cernekov dedicó pacientemente a experimentar y pudo determinar que cuando una partícula se acerca a la velocidad de la luz produce un destello, como si fuera un cono de color celeste.

Análogamente a lo que sucede cuando un avión supersónico rompe barrera de sonido y produce una onda de choque que se escucha como un trueno; así ocurre cuando una partícula física rompe a una velocidad crítica produciendo un cono de color celeste, que vista en corte se simplifica en una V.

El fogonazo celeste es el análogo de la ruptura del sonido, Cernekov se dio cuenta que de este efecto podrían deducirse muchas características de las partículas detectadas; y al fenómeno se lo denominó "detector de Cernekov".

En las próximas figuras se pueden observar el efecto del detector de Cernekov.

En la actualidad son muy utilizados en los detectores de los de los modernos colisionadores.

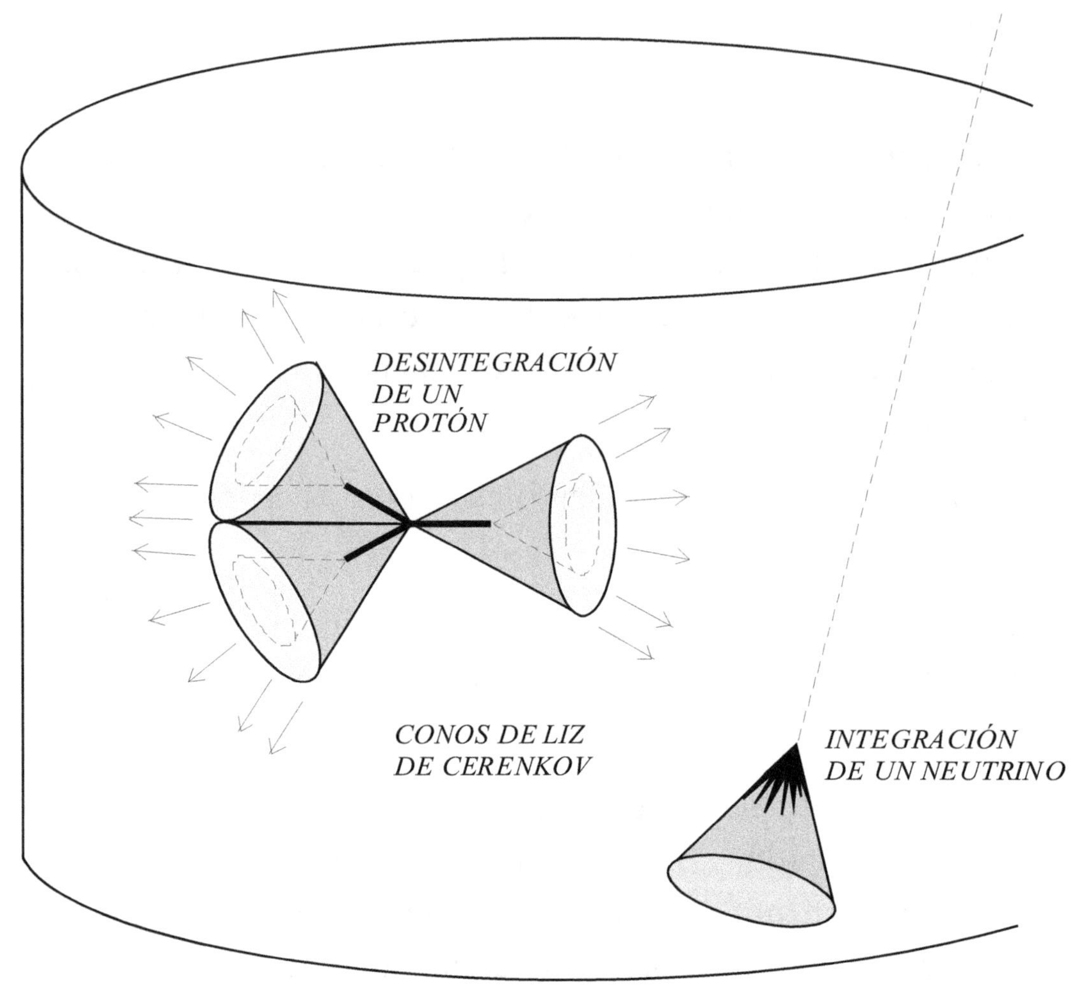

RADIACIÓN DE CERNEKOV.

Dos eventos: 1. Desintegración de un protón.

2. interacción de un neutrino (cósmico).

E.Rutherford utilizó estos datos estadísticos para demostrar que en el interior del átomo existía una partícula con mayor peso y carga positiva que era colisionada por las partículas gamma a lo que denominó "núcleo".

Para ello se usaron placas cubiertas con sulfuro de cinc que producían scintilación, las cuales eran contadas sistemáticamente para tener criterios estadísticos.

Actualmente existen modernos aparatos portátiles, electrónicos denominados "scintilómetros" o simplemente CINTILÓMETROS.

En ellos se coloca un tubo que contiene un mono-cristal de algún haluro por ejemplo: Ioduro de potasio, Ioduro de sodio Ioduro de cesio, que contiene al final una célula fotoeléctrica que capta los impactos de las partículas de origen radiactivo.

CAPÍTULO 10.

10.1 Colisionadores.

Introducción

Ante la aparición y detección de distintas partículas que no se conocían dentro del átomo electrocuántico, se pensó que se podía generar más partículas, acelerando algunas de las elementales en aparatos de imanes superpotentes, donde la partícula sería acelerada a tensiones que superan los MeV hasta GeV lo cual produciría impactos que dejarían otras partículas no conocidas en el mundo físico. El primero que tuvo una concepción de estos efectos fue el profesor E.Lawrence de la Universidad de California, inventor del ciclotrón.

Allá por 1929 leyó en una revista alemana sobre electricidad que se podían acelerar partículas mediante un movimiento alternativo de electricidad.

Entonces concibió el primer aparato que fue construido por primera vez en una dimensión muy reducida, pero después se construyó un ciclotrón de 94 cm en Berkeley (California).

En el primer ciclotrón los iones positivos, generalmente protones o deuterones, adquieren aceleraciones sucesivas estableciendo una diferencia de potencial de unos millones de Voltios.

Mediante un campo magnético producido por un poderoso electroimán, entre cuyos polos se coloca el aparto, las partículas cargadas son obligadas a describir trayectorias circulares, cada vez con más radio y por supuesto con mayor energía.

En la actualidad el ciclotrón de 460 cm, también de ver que se producen neuterones de 400 millones de Volt.

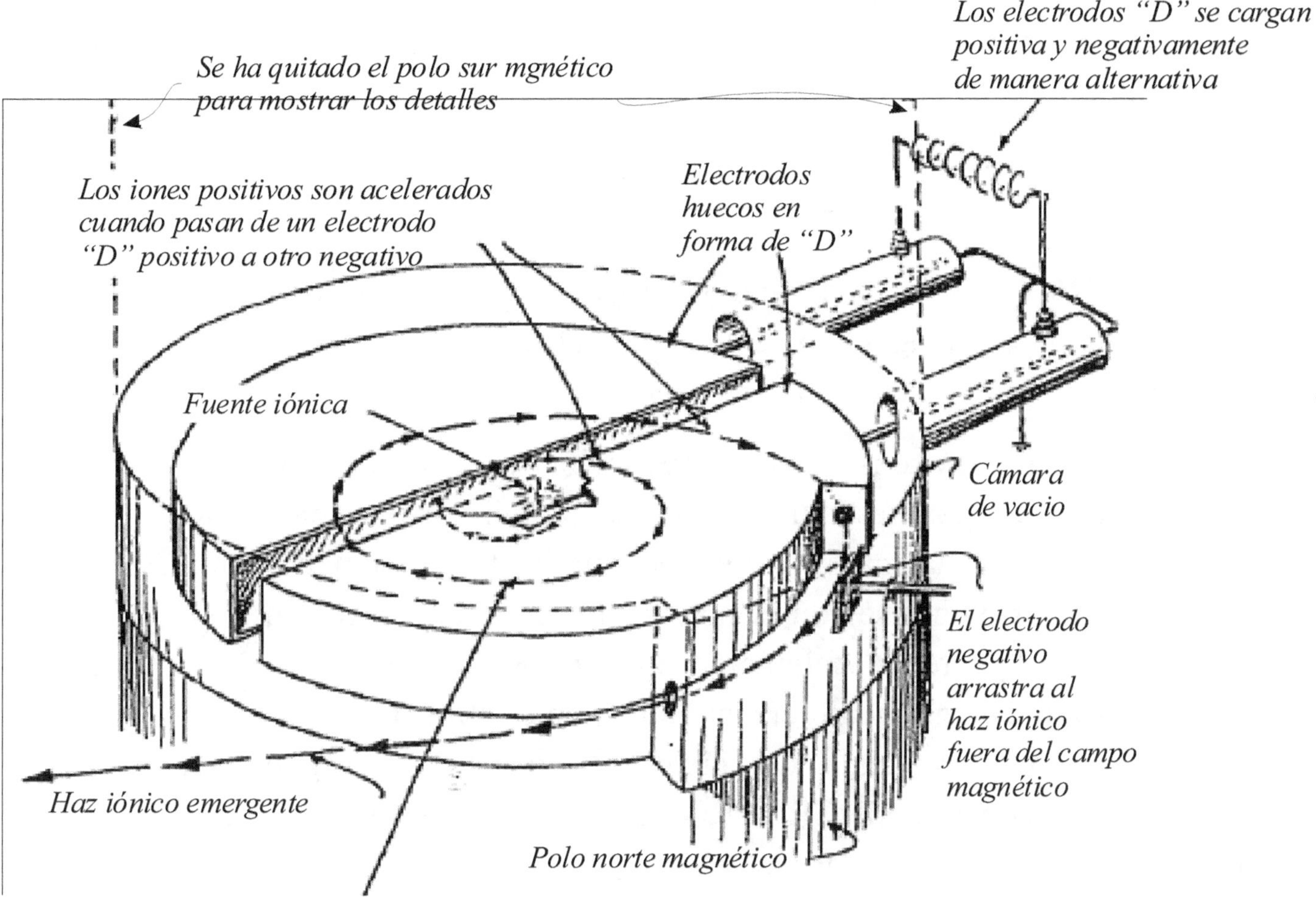

DIAGRAMA DEL CYCLOTRON DE BERKELEY

Las partículas positivas aceleradas al salir del ciclotrón se convierten en proyectiles que pueden alterar las estructuras del núcleo del átomo.

De esta manera se descubrieron el Neptunio (1940) y el Plutonio más tarde, descubierto por G.T.Seaborg y sus colaboradores, en la Universidad de Berkeley en California.

También se usó en tratamientos d cáncer, es decir en medicina.

10.2 El sincrotrón.

En 1945 un sabio ruso Vladimir Eksler, oideó y construyó un acelerador electromagnético colocando electroimanes en forma secuencial, formando un anillo.

El problema de construir mayores ciclotrones tropezaba con la dificultad de que las partículas aceleradas adquirían una energía y velocidad tal, que la masa, por efecto relativista, aumentaba y no podía sustentarse en fase con el potencial oscilante. No obstante, si la partícula adquiere la aceleración algo después de que las "des" han alcanzado el máximo potencial, la fase se estabiliza y la rotación del ión queda sincronizada. Los ciclotrones construidos según este principio se llamaron SINCROTRONES, con los cuales se pueden conseguir potenciales de varios GeV.

En los sincrotrones las partículas se aceleran y recorren una trayectoria circular.

Los sincrotrones modernos son equipos muy grandes y tienen muchas complicaciones que deben ser prefijadas por equipos de especialistas.

Digamos también que casi simultáneamente al trabajo de V.Eksler en Rusia un norteamericano Edwin M.Macmillan ideó otro sincrotrón. El primero se construyó en Brookhaven (EEUU) y se usó para acelerar protones.

El sincrotrón se halla constituido esencialmente por un anillo (llamado cámara) en el que una vez realizado el vacío elevado, se hacen circular las partículas. Necesita por tanto una serie de instalaciones auxiliares para criogénica, etc.

La cámara es un anillo toroidal de sección dependiente del sistema de funcionamiento del aparato y del radio de curvatura, tanto mayor cuanto más alta sea la velocidad que deban alcanzar las partículas.

Además un sincrotrón necesita un inyector de partículas, acelerador auxiliar que tiene por objeto introducir partículas dotadas de velocidades muy elevadas.

Describir el funcionamiento de un sincrotrón es materia de Física más elevada, acá no se expone.

También podemos decir que las partículas se dan en forma de "haz pulsado".

El sincrotrón no es una máquina aislada, sino sólo un instrumento grande y costoso alrededor del cual se articulan otros muchos instrumentos y un centro de investigación.

En EEUU existen una serie de sincrotrones, el primero fue el de Bookhaven, pero en la Unión Europea así como en Rusia también se han construido estos enormes aparatos. Por ejemplo el de Orsay en Francia denominado ESRF (European Sincrotrón Research Facility).

Se presenta un esquema de este último sincrotrón.

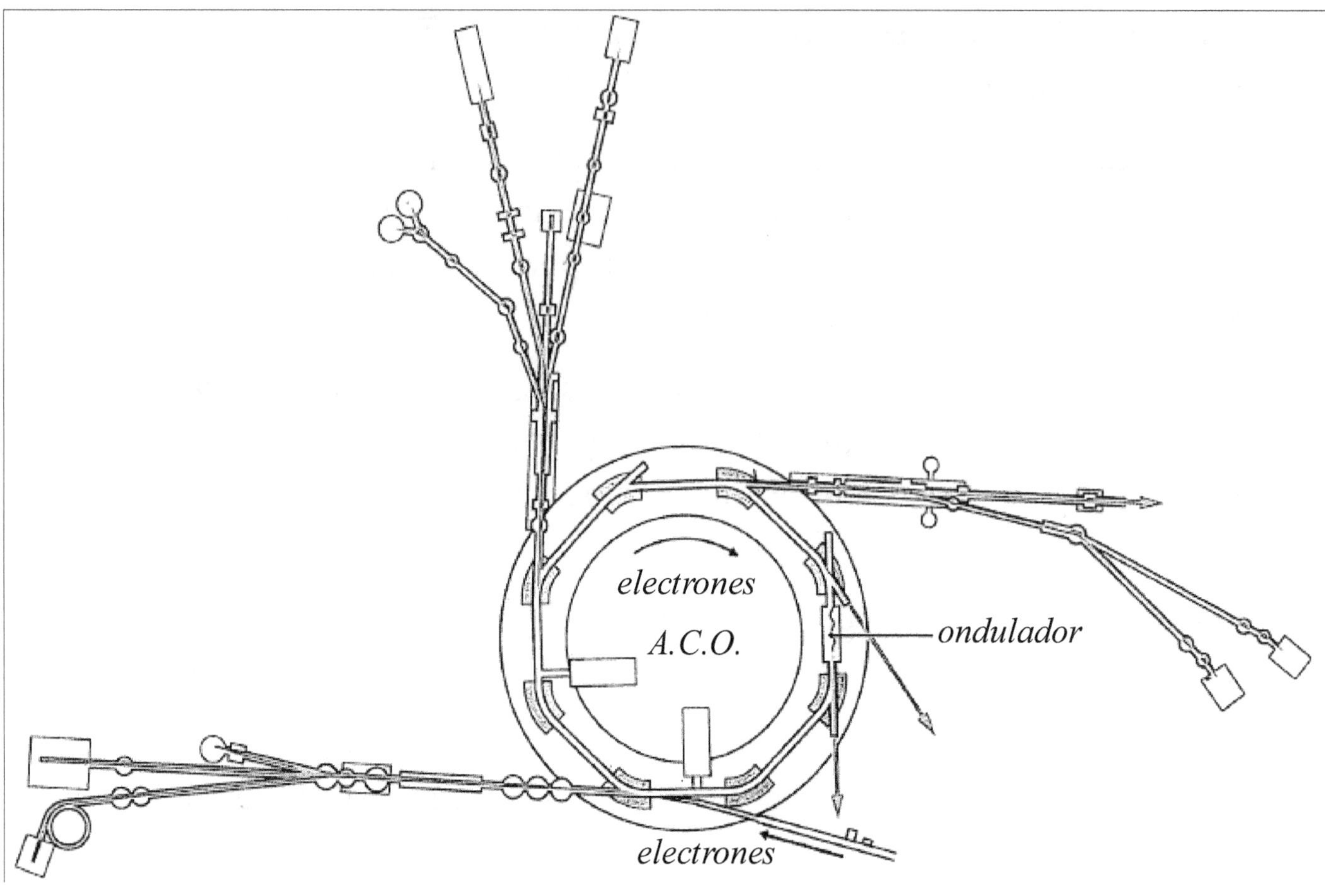

SINCROTÓN DEL CERN UBICADO EN ORSAY FRANCIA. EL APARATO TIENE 700M DE DIÁMETRO.

10.3 Colisionador lineal de Stanford.

Después de la segunda guerra mundial y entre las décadas de 1950 y 1960 comenzaron a delinearse y tratar de solucionar muchos problemas de los equipos denominados colisionadores siguiendo la experiencia de los sincrotrones.

Hans R.Rees junto a colaboradores trabajaron sobre anillos amortiguadores de las partículas y concibieron un acelerador lineal de 3 Km de largo alimentados por un generador de partículas denominado "klistrones", el chorro de electrones penetraba entonces en un largo tubo (al vacío) y refrigerado cerca del 0° absoluto.

Por reacciones se obtenían positrones que al igual que los electrones se almacenaban en cámaras amortiguadoras, hasta el momento en que pasaban por haces dentro del colisionador (SLAC), por chorros diferentes que luego se curvaban en dos arcos controlados por potentes electroimanes que los hacían converger hasta un equipo detector, denominado Mark II, de un peso aproximado a 4.000 tn. Fue así que a principios de los 80 se descubrió por análisis la primera partícula, el bosón Z°.

Luego continuaron realizándose innumerables estudios y obteniéndose múltiples beneficios en la física de las partículas.

En el SLAC se consiguieron energías de más de 5 GeV.

Pero este aparato quedó disminuido al aparecer del Tevatron, construido en el laboratorio de Fermi (FermiLab), en Batavia Illinois y por el acelerador de electrones positrones de la Comunidad Económica Europea (C.E.R.N.) denominado LEP, ver más adelante.

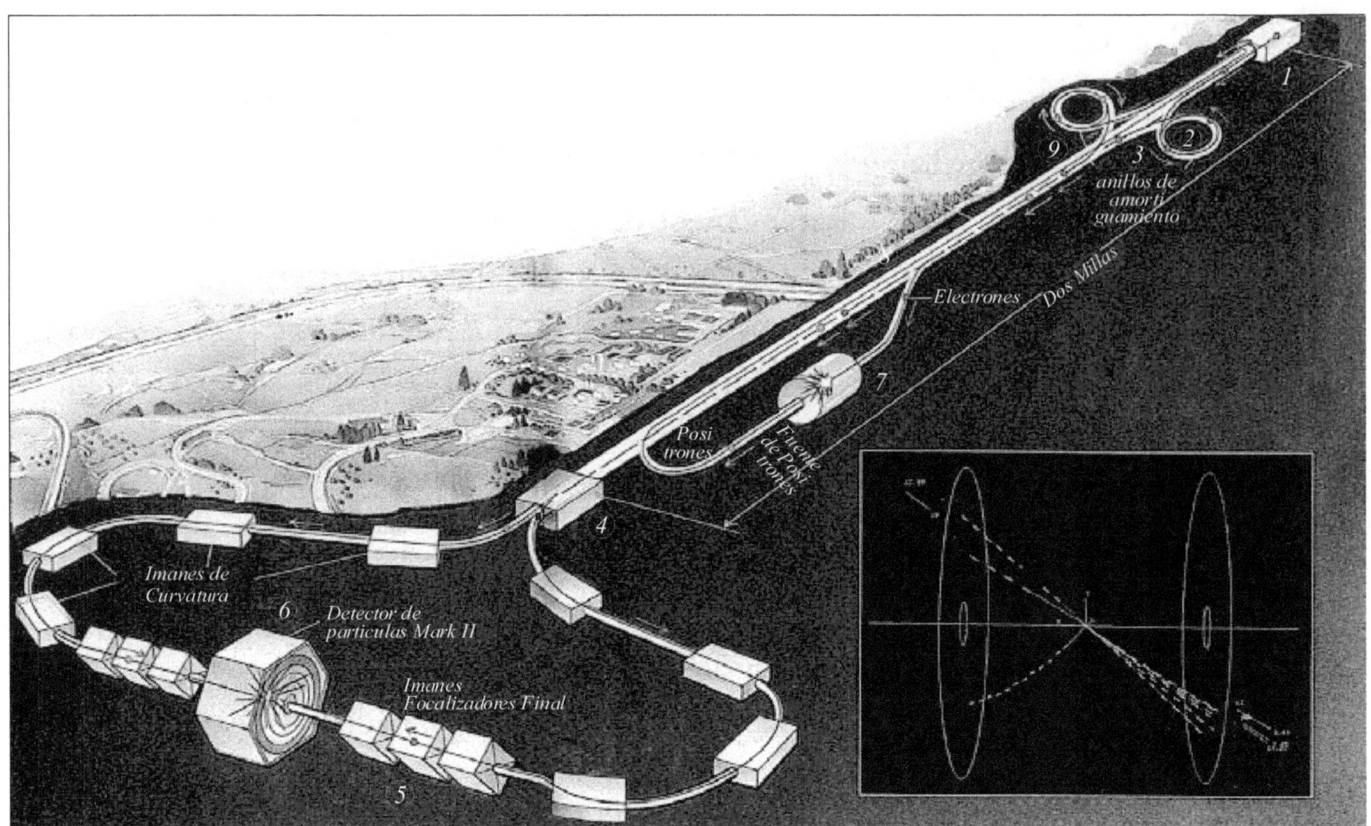

COLISIONADOR LINEAL DE LA UNIVERSIDAD DE STANDFOR

Colisionador lineal de Stanford (SLC) acelera electrones (rojo) y positrones (azul) acelerador lineal de tres kilómetros de longitud, luego los dirige hacia un choque frontal a una energía de cerca de 100 Gigaelectrón Voltios (GeV). Un cátodo dispara dos paquetes de electrones en sucesión (1) los paquetes de aceleran hasta 1 GeV y después se condensan en un anillo de amortiguamiento (2). Los paquetes amortiguados se inyectan en el linac donde se juntan con paquetes amortiguados de positrones (3). El primer paquete de electrones y positrones se aceleran hasta el final del linac, donde se desvía hacia dos grandes arcos, los electrones hacia la derecha y los positrones hacia la derecha.

Los imanes guían los haces hasta la focalización final donde los haces se comprimen hasta un diámetro de pocas micras (5).

Los haces colisionan en el detector de partícula Mark II (6). Mientras tanto el segundo paquete de electrones se desvía hacia un blanco que produce una lluvia de positrones(7) que se envían al principio del linac (8), donde se amortiguan y se inyectan en el linac al mismo tiempo que un nuevo grupo de electrones (9) visto en el SLC desintegrados en un quark y un anticuarq.

10.4 El Tevatrón del laboratorio FERMI.

El laboratorio Fermi, conocido en el mundo como el Fermi Lab, se encuentra afincado a unos 60 km al sud oeste de la ciudad de Chicago, estado de Illinois. EEUU.

Originalmente fue la sede de trabajos del profesor italiano Enrico FERMI y sus colaboradores, los cuales consiguieron realizar en una cancha de deportes de la ciudad de Chicago la conformación de la primera pila con uranio, que comenzó a producir reacciones en cadena continua. Pertenece al pasado y formo parte del proyecto "Manhatan".

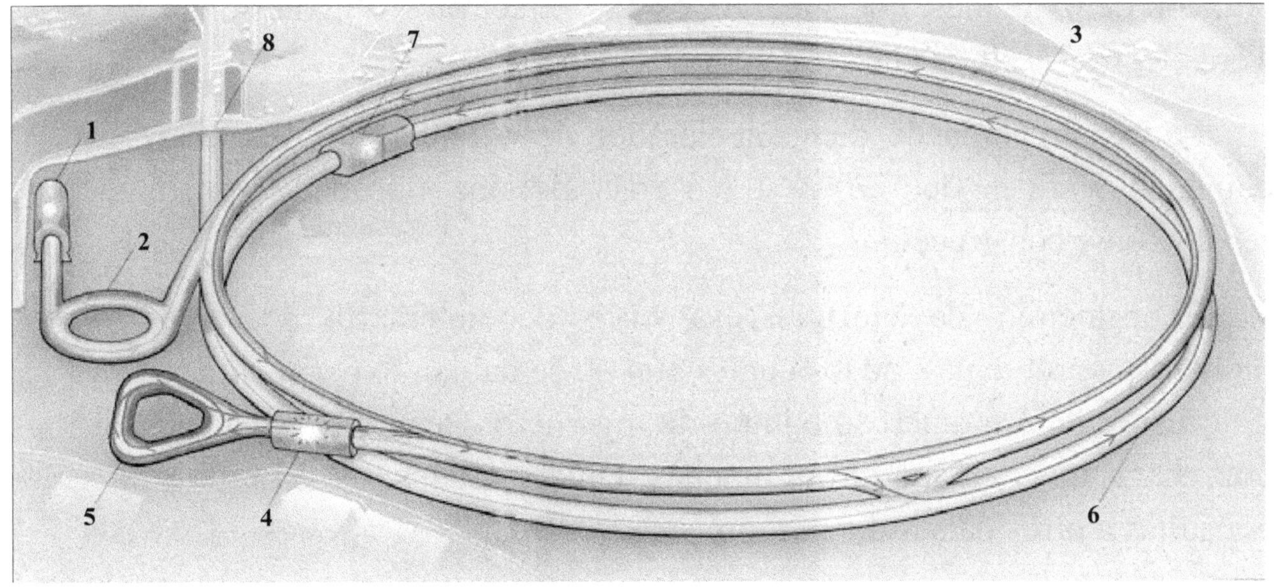

1 - Los aceleradores cockcroft V y lineal aíslan los protones y los impulsan a altas energías. **2** - El Sincrotrón de nombre "Acelerador" lanza los protones hasta 8 GeV. **3** - El anillo principal acelera las partículas hasta 150 GeV. **4** - Un blanco golpeado por los protones de alta energía produce antiprotones. **5** - Los anillos "empaquetador" y "acumulador" enfrían y almacenan los antiprotones. **6** - El anillo del tevatrón acelera los protones y antiprotones hasta 900 GeV. **7** - El detector del colisionador del fernilab (CDF) mide las trayectorias y las energías de las partículas producidas en la colisión entre protones y antiprotones. **8** - Los protones pueden extraerse del tevatrón para experimentos de blanco fijo

Luego de la segunda guerra mundial el laboratorio creció y es uno de los centros de estudios de Física más respetados del mundo.

Durante la década de 1970 comenzó a discutirse entre los físicos y directores de la institución, la construcción de un potente colisionador de partículas, basándose en el sincrotrón que estaba en el actual lugar que ocupa el potente Tevatrón, aparato que recibe su nombre a partir de que en el mismo se logran alcanzar energías en colisión de partículas, que superan los 10^{-12} electrón Voltios es decir Tera electrón Voltios (TeV) igual a 10^{-12} eV.

La construcción de dicho acelerador de 6,3 Kms de diámetro comenzó a fines del `70 y llevó más de una década para su resolución y construcción.

El principio de ejecutar esa obra de ingeniería presentó numerosos problemas, de los cuales aún no se habían experimentado y necesitó de un numeroso equipo de ingenieros, técnicos y físicos, etc., para lo cual aportaron muchas Universidades de EEUU y consultas a otros países del mundo.

El aparato consistía en un colisionador de partículas –protones con su antimateria, los antiprotones.

Estas partículas eran conducidas por un tubo al vacío absoluto y por medio de electroimanes con bobinas de superconductores (la superconducción es el paso de una corriente eléctrica sin resistencia, lo cual se logra con alambres de Niobio/Titanio refrigerados a 4,7°Kelvin), los cuales aceleraban a las partículas. Estas tareas fueron primero realizadas bajo la dirección de Robert R.Wilson y concluidas por el físico Alvin Tollestrup en 1975 que procedía del Instituto de Tecnología de California.

Estos electroimanes se desarrollaron consiguiendo la producción de alambre de Niobio/Titanio. El costo de esta construcción del Tevatrón sumó U$S 250 millones.

Estos electroimanes superconductores debían además enfriarse a una temperatura de 4,7°Kelvin y el canal donde circulaban las partículas debía estar en vacío absoluto.

Para guiar las partículas, los electroimanes se probaron primero con dipolos, pero debido a que es imposible lograr la alineación de las partículas de optó por construir electroimanes cuadri y optopolares.

Resumiendo, podemos decir que el Tevatrón es una gigantesca máquina sometida al vacío absoluto y refrigerada criogénicamente: primero al vacío y por un tubo de nitrógeno líquido, y más hacia el interior por un tubo de helio líquido. A través de ello, se conseguían las condiciones especiales para que las partículas viajaran por el anillo principal y secundario en paquetes que recorrían a altas velocidades el anillo y finalmente chocaban de frente con los antiprotones lanzados también a una alta velocidad.

En 1987 se realizó la primera serie de experimentos. En julio de

1988 empezó la segunda serie que duró 11 meses. Durante este período el Tevatrón logró una energía de colisión de 1,8 TeV al hacer chocar protones de 900 GeV y antiprotones de 900 GeV.

Dado que se usó el sistema de los hilos superconductores, el consumo de energía llegó apenas a 60 megawatts.

Las colisiones entre partículas y antipartículas se llevaban a cabo en un instrumento especial que era el detector de FermiLab.

Detector del colisionador del FERMILAB.

Registra más de 100.000 colisiones protón –antiprotón por segundo. El aparato de 5000 toneladas está alineado con los haces de partículas del Tevatrón, con el fin de que las colisiones se produzcan en el centro del detector. Los arcos, que aparecen separados para permitir cumplir tareas de mantenimiento, forman parte del calorímetro que mide las energías de las partículas.

Durante el funcionamiento del Tevatrón se liberan iones de hidrógeno negativos, formados por dos electrones y un protón en un acelerador de Cockcrooft-Walton que lleva los iones a una energía de 750.000 eV.

Los iones pasan entonces por una lámina de carbono que extrae los protones.

En la segunda etapa se conducen los protones hacia el impulsor, un sincrotrón de 500 metros de circunferencia, donde la energía se eleva hasta 8 GeV, después se inyectan los protones al anillo principal donde más de mil imanes los guían y aceleran sin cesar.

En la tercera etapa los protones quedan focalizados en paquetes cortos de 120 GeV. Se extraen del anillo principal e inciden sobre un blanco de cobre produciendo antiprotones. Estos se focalizan mediante una lente de litio.

En la cuarta etapa, la lente de litio dirige los antiprotones hacia el primer anillo de acumulación de antiprotones de nombre "empaquetador" que mide 520 metros de circunferencia y cumple la misión de comprimir los antiprotones e un espacio tan compacto como sea posible.

Para aumentar la densidad de antiprotones "el empaquetador" cuenta con dos procesos de enfriamiento: el primero llamado "enfriamiento criogénico" es creación de Fermi Lab. Cuando un paquete de antiprotones circula en torno al anillo, un voltaje de radiofrecuencia complejo codificado por ordenador acelera las partículas lentas y frena las rápidas.

El otro proceso, el enfriamiento estocástico, recorta los movimientos laterales de los antiprotones. Finalmente se envían unos 20.000 millones de antiprotones llamados "el acumulador". En este, varios sistemas independientes enfrían aun más el haz de antiprotones.

Durante la cuarta y quinta etapa el anillo principal acelera 500 mil millones de protones a 150 GeV. Los protones se transfieren entonces al anillo del Tevatrón, donde aguardan los antiprotones.

En la sexta etapa, una parte del haz de antiprotones almacenados se transfiere al anillo principal del Tevatrón donde los protones han estado circulando en paz. Como los protones tienen carga positiva y los antiprotones carga negativa, los primeros circulan en sentido contrario de los segundos.

Los paquetes de ambas partículas están aún demasiado difusos y no sufren colisiones significativas.

Durante los primeros 60 segundos de la etapa final, ambas partículas se aceleran a la energía máxima. Los intensos imanes cuadripolares del anillo del Tevatrón comprimen entonces las partículas y las concentran hasta un diámetro de 0,1 milímetros, grosor de un cabello humano, esa focalización aumenta notablemente la densidad de cada paquete.

Y luego se producen las colisiones: más de 50 mil colisiones por segundo en el centro de detector de partículas.

La primera serie de experimentos del colisionador acabó en mayo de 1987. En julio del año siguiente comenzó la segunda etapa que duró 11 meses. Durante este período el Tevatrón logró una energía de colisión de 1,8 TeV.

Los productos de estas colisiones se reflejaban en el detector del colisionador y se pasaban a la lectura de computadoras de quinta generación ubicadas en un edificio de cinco pisos de alto, donde los rastros de las colisiones se analizaban minuciosamente.

A finales de 1990 los investigadores de Fermi Lab habían publicado unos 25 trabajos donde detallaban nuevos descubrimientos: tamaño de los quarks, naturaleza de las fuerzas débiles electromagnéticas y trataban de afirmar con ellos la teoría del "modelo standard" prefijado por físicos ingleses y norteamericanos Slam, Glasgow y Steven Weinberg.

El Tevatrón continúa operando y ha sido la fuente de información de muchísimas partículas descubiertas en los últimos años y de los bósones de la fuerza débil Z^o, W^- y W^o lo cual revelaba la autenticidad del "modelo estándar".

En sus últimas etapas el Tevatrón alcanzó a elevar el número de colisiones hasta producir más de seis millones por segundo.

A cada colisión se la denomina "EVENTOS".

Todos estos eventos son analizados posteriormente por medio de computadoras ubicadas en un edificio de cinco pisos de altura y de allí se deducen las masas y las energías de las partículas, producto de las colisiones (o eventos).

10.5 El colisionador de electrones y positrones de la CERN.

En mayo de 1964, en una reunión de física de alto nivel se discutió (en el centro italiano de física nuclear de Frascati) la necesidad de construir un aparato colisionador de electrones y sus antipartículas, los positrones.

Pasaron más de 30 años para que la Comunidad Económica Europea apoyara la construcción de este gigantesco acelerador.

Este colisionador es el más grande del mundo y está colocado en un túnel que tiene 27 kilómetros de recorrido entre las fronteras de Suiza y Francia.

Fue construido por la Comisión Europea de Investigaciones Nucleares (CERN), con la colaboración de todas las naciones de Europa ya que su costo fue muy elevado (aproximadamente seis mil quinientos millones de dólares).

La construcción se realizó primero escavando un túnel que se encuentra a cien metros de profundidad de la corteza. Para tener una idea de la cantidad de material extraído podemos decir que su volumen es una vez y media mayor que la pirámide de Keops en Egipto.

El túnel tiene forma circular y más de cuatro metros de diámetro, todo revestido de cemento armado.

Dentro del mismo se encuentran todos los instrumentos que conforman este super-colisionador.

El tubo del acelerador fue construido todo en acero inoxidable y se encuentra rodeado de miles de electroimanes superconductores y refrigerado a temperaturas de 4,7°Kelvin, además todo se encuentra al vacío casi absoluto.

En cuatro puntos de este enorme instrumento se han colocado cuatro detectores gigantescos denominados:

L3, DELPHI, OPAL y el ALEPH, que son los lugares donde se producen las colisiones de los electrones y los positrones.

Estos detectores que hemos nombrado son de una dimensión muy grande y pesan varios de miles de toneladas cada uno y han sido fabricados por partes, de las distintas naciones europeas. Por supuesto que cada detector cuenta con todos sus equipos de detección de las partículas, que proporcionan las colisiones de partículas de materia/antimateria y desde donde son copiados por las computadoras más grandes del mundo (de quinta generación).

Con estos instrumentos se han podido detectar los bosones de la fuerza débil Z^o y W^o y muchas otras partículas desconocidas.

El funcionamiento del LEP se inició el 14 de julio de 1989 en homenaje a la fiesta patria de Francia. En este momento se cumplían 200 años de la Revolución Francesa.

Vista vuelo de pájaro del colisionador LEP.

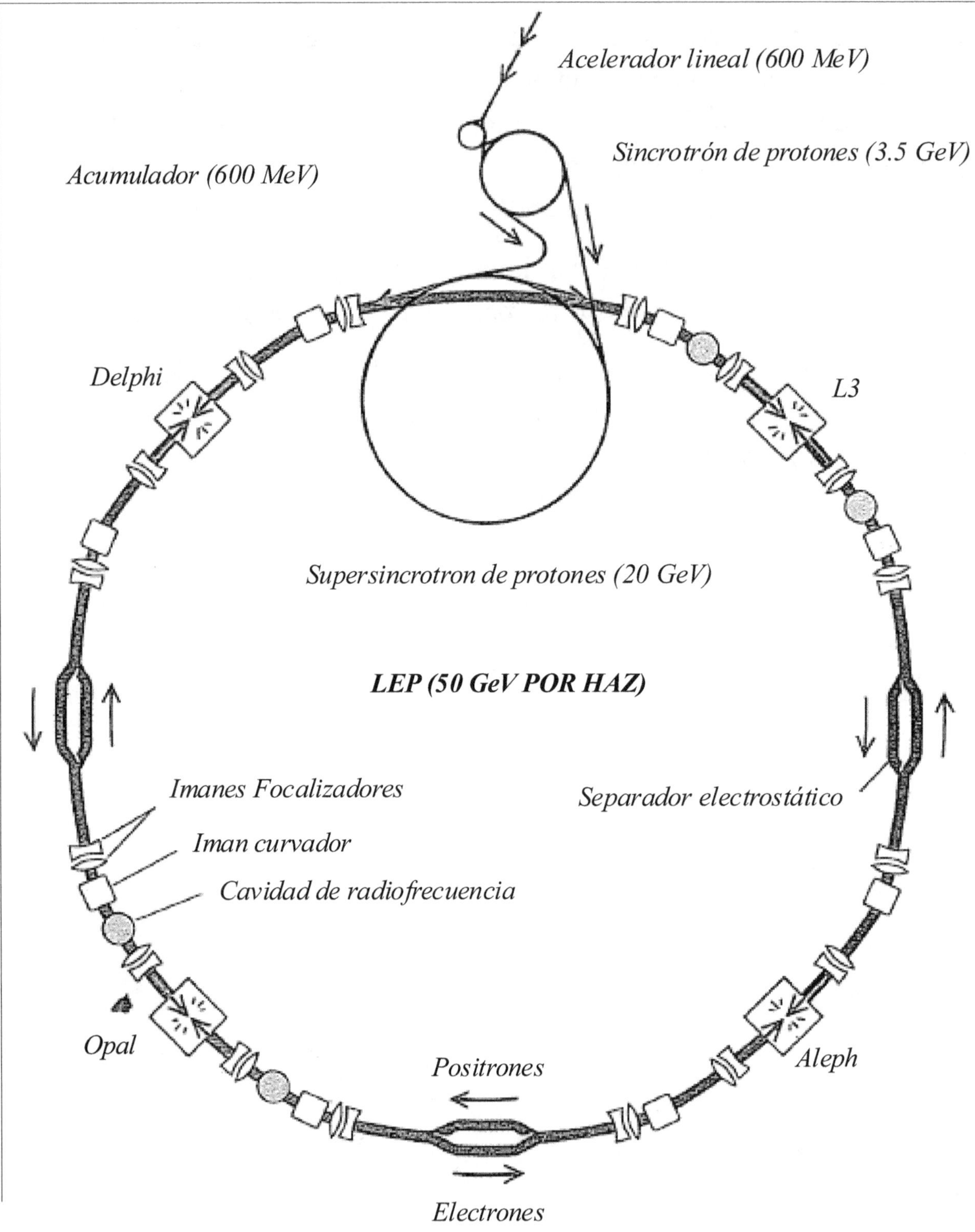

Vista general del colisionador LEP de la CERN.

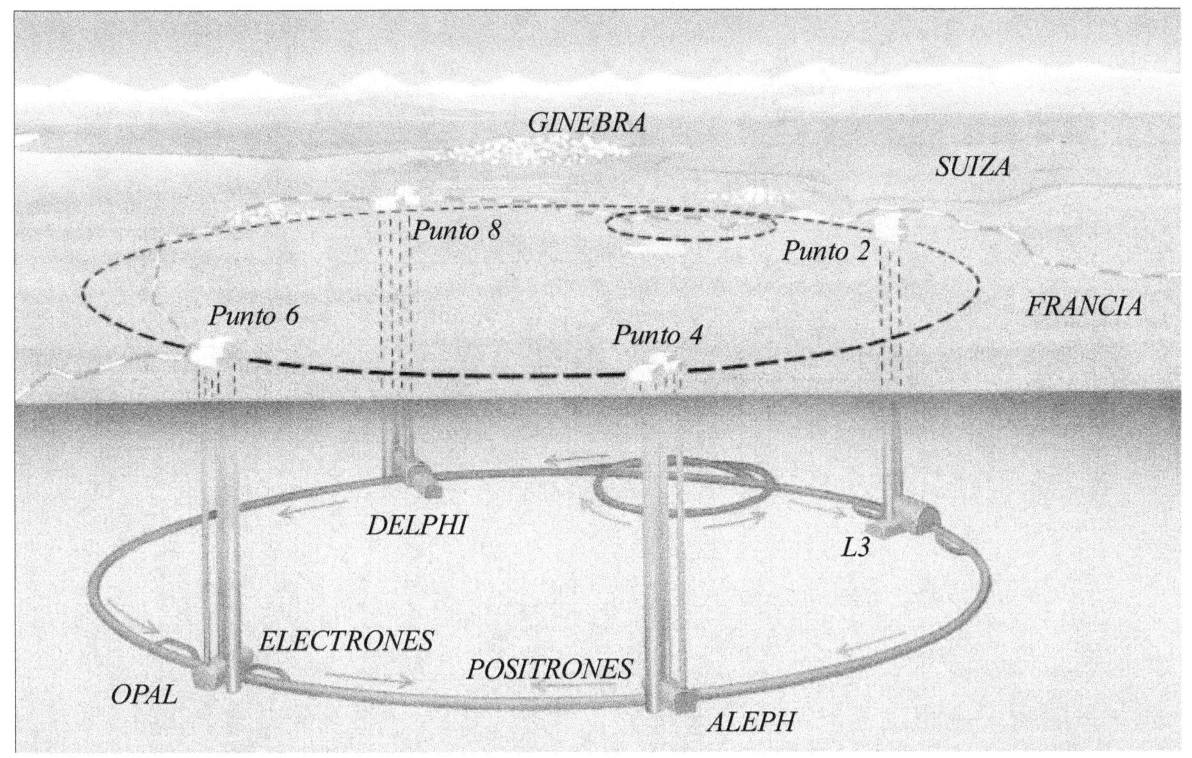

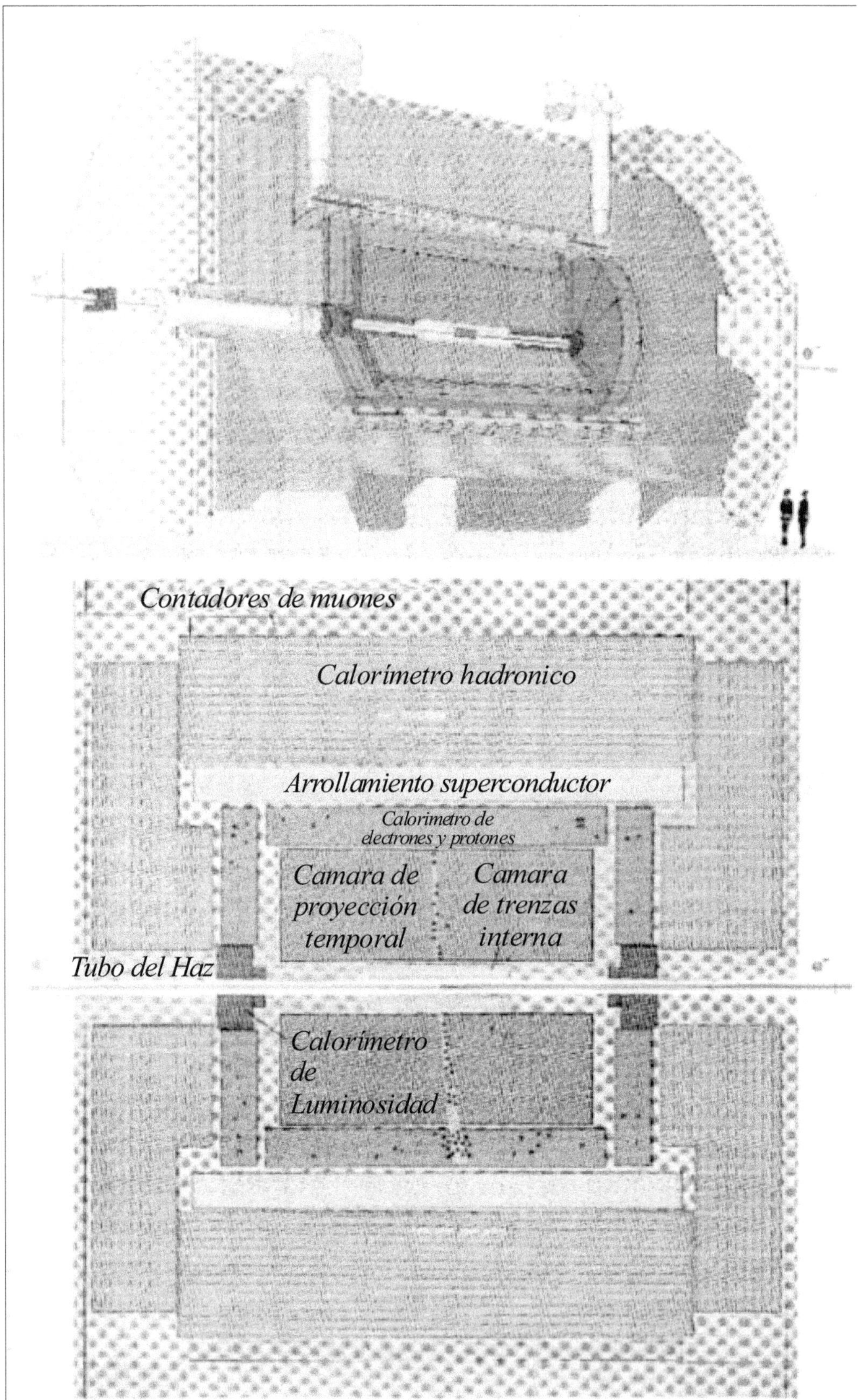

Contadores de muones
Calorímetro hadronico
Arrollamiento superconductor
Calorímetro de electrones y protones
Camara de proyección temporal
Camara de trenzas interna
Tubo del Haz
Calorímetro de Luminosidad

El detector ALEPH del colisionador LEP.

Se observa todos los tipos de detectores que conforman este detector sobre todo las bobinas electromagnéticas y los calorímetros y reflectores de Cerenkof, con lo cual se detectan las partículas que colisionan en el centro del mismo.

En cada experimento las partículas son inyectadas en el circuito del gran colisionador en forma de haces que tratan de corregirse mediante una serie de mecanismos especiales y luego estas partículas chocan con las antipartículas en el centro de los detectores registrándose los distintos eventos que se producen en estas colisiones. De esta manera, se han logrado demostrar la existencia de los bosones Z^o y W^o que se denominan "bosones de la fuerza débil".

Los doctores Carlo Rubbia (italiano) y Van der Meesh (holandés) fueron galardonados con el premio nobel en 1984 por dichos descubrimientos.

En la actualidad el colisionador LEP ha sido desarmado y se ha construido un enorme detector de hadrones que se está poniendo a prueba.

Con estos poderosos aceleradores y colisionadores de partículas en cada "evento" se producen cantidades enormes de nuevas partículas, casi simultáneas, las cuales son de ésta manera analizadas en las computadoras del centro del registro; y luego se analizan cada partícula de cada evento. De esta manera se lograron determinar los bosones de la fuerza débil y otras partículas.

CAPÍTULO 11.

La condensación de Bose- Einstein.

El ingeniero Satyendranath Bose de origen bengalí, escribió una carta a Einstein, redactada en inglés y acompañada de una nota manuscrita.

En su trabajo bose le explicaba a Einstein que las partículas más pequeñas del universo llevadas a las temperaturas más bajas podrían ser indistinguibles contra la tradicional distinguibilidad de las moléculas. A la hora de calcular el número de posibles repartos de fotones entre estados, Bose lo hacia como si por ejemplo se tratara de repartir monedas de 1 euro entre personas: las monedas son indistinguibles a esos efectos, pues sólo interesa la cantidad total asignada, pero atendiendo a una mecánica estadística clásica de Boltzmann habría que haber procedido como si por ejemplo se trataran de repartir entradas de diferentes espectáculos; las entradas son distinguibles porque hay que tener en cuenta el espectáculo concreto al que se refieren.

Como Bose no comprendía bien los problemas estadísticos fue Einstein quien se dio cuenta de la importancia del descubrimiento de Bose y lo extendió a cualquier gas de molécula dando lugar a lo que se conoce como mecánica estadística de Bose-Einstein, primera alternativa cuántica de la mecánica estadística clásica.

Este extraño trabajo que más tarde fue denominado como Condensación de Bose-Einstein por debajo de una cierta temperatura prescribía una acumulación extraordinaria de molécula en el estado de menor energía posible.

Aquí también surge una problemática física que es la de la simetría y la antisimetría entre las partículas, que fue resuelto mediante el acuerdo de la condensación Bose-Einstein.

A estos estudios deben añadirse la hipótesis de Luis de Broglie (francés) que demostró que una partícula puede también comportarse como una onda, lo que se llama comportamiento onda/corpúsculo que también fue aprovechado por Einstein en sus explicaciones de su física relativista.

Todos estos problemas fueron presentados en un Congreso denominado 5° Congreso Solvay donde se discutieron estas teorías por parte de Einstein y por parte de Niels Bohr donde se discutieron y debatieron un largo y fructífero debate entre Einstein y Bohr en torno a la interpretación del formalismo cuántico.

Wolfang Pauli fue el primero en descubrir que las partículas que tenían un spin entero, es decir 0,1, 2, debían ser partículas denominadas **bosones** en homenaje a Bose y son cuatro en total:

1) El fotón o unidad mínima de materia-energía descubierto por Plank.

2) Los bosones débiles que son las fuerzas que mantienen unidas a las partículas dentro de un átomo.

3) El bosón fuerte que son las fuerzas que mantienen unidos a los quarks entre sí dentro de los nucleones y

4) La gravedad, cuya unidad sería el gravitón del cual no se conocen ni su energía ni su magnitud.

Este concepto de los bosones empieza a completarse con las consideraciones de las otras partículas que tienen spines semienteros, los cuales fueron definidos por Dirac- Enrico Fermi y se los denomina Fermiones.

Con lo cual comenzó a tomar un cierto estado analístico de la nueva teoría de la física de las partículas.

CAPÍTULO 12.

Las partículas elementales.

Ya hemos visto en el capítulo 7 como se descubrieron una serie de partículas elementales que fueron al base del descubrimiento de la estructura atómica nuclear del átomo con su núcleo y los electrones que giran alrededor.

Pero también hemos visto que hay una serie de partículas que no pertenecen en sí al interior de átomo y que fueron descubriéndose con distintas técnicas, sobretodo cuando los científicos y físicos se dieron cuenta de que podían utilizarse las fuerzas electromagnéticas para acelerar las partículas elementales y hacerlas chocar entre sí para generar nuevos tipos de partículas.

Además de eso se siguieron estudiando otras condiciones de métodos de identificación de partículas como por ejemplo la reacción que producen los rayos cósmicos al entrar en la atmósfera que producen como una cascada de rayos cósmicos.

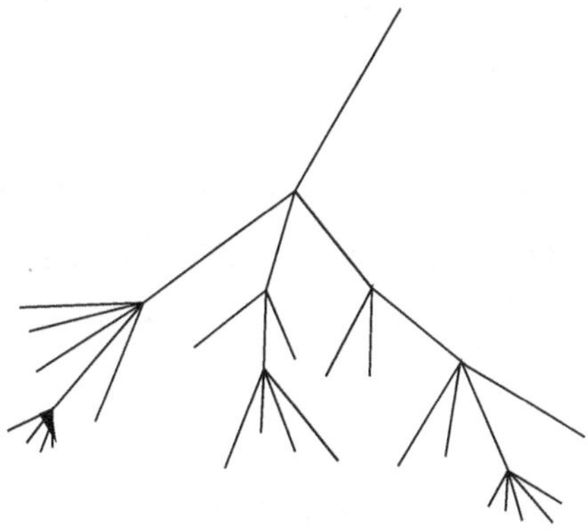

EL DESARROLLO DE UNA CASCADA DE RAYOS CÓSMICOS

Al estudiar esta cascada ya hemos dicho que se descubrió el positrón, que es una partícula similar al electrón, pero con carga positiva.

Sin embargo, en la década del 50 se llegaron a descubrir una serie de nuevas partículas que se pudieron determinar mediante los modernos equipos de detección que hemos indicado en el capítulo 10.

De esta manera se detectaron los piones π^0, $\pi+$ y π - y el mesón ro (ρ) que tambén presenta tres variedades de cargas positivas, neutra y negativa.

En la década del 50 con la puesta a punto del acelerador de Brookhaven se hizo una serie de descubrimientos con rayos cósmicos. Se descubrieron dos nuevas partículas extrañas, ambas más pesadas que el protón.

En 1953 se observó una partícula cuya masa era de 1900 MeV. Se designó con la letra griega sigma Σ.

Hoy sabemos que de hecho existen tres partículas de la familia sigma.

Fue entonces en el año 54 cuando tuvo lugar el último descubrimiento "felices" con los rayos cósmicos. Se trataba de una partícula con una masa de 1.320 MeV que se desintegraba en una partícula λ y un pión de 10^{-10} segundos.

Debido a que la partícula lambda se desintegraba a la vez en un pión y un nucleón, esta partícula se observaba ala principio de una cascada de desintegraciones y fue bautizada como la partícula "cascada" $\equiv$ (letra xsi).

Estas partículas extrañas constituyen un reto para la comunidad científica que para el año 1957 empezó a producir algunas ideas interesantes. Esta resonancia extraña recibe ahora el nombre de Σ.

Clasificación por el tipo de interacción: leptones y hadrones.

Hasta ahora hemos visto tres tipos de interacciones capaces de afectar a las partículas elementales. Todas las partículas cargadas se ven afectadas por la fuerza electromagnética y por tanto se puede decir que participan de la interacción electromagnética.

La mayoría de las partículas que hemos estudiado se crean o se desintegran mediante la integración fuerte y unas pocas parecen participar solamente en la interacción débil. Podemos servirnos de esta diferencia en el tipo de interacción como criterio de clasificación de las partículas.

El electrón, muón y el neutrino no parecen tener nada que ver con la interacción fuerte. A estas tres partículas se las llama leptones (de la raíz griega lentos que quiere decir ligeros). Este reducido grupo de partículas importan principalmente en los estudios de desintegraciones lentas y otras interacciones débiles.

Todas las demás partículas que hemos mencionado con la excepción del fotón participan de una u otra manera en la interacción fuerte. Se llaman hadrones (de la raíz griega hadrys, o fuerte).

Por consiguiente, la mayoría de los esfuerzos que los físicos han hecho para ordenar y clasificar las partículas elementales se han dirigido principalmente a los hadrones.

Clasificación de los productos de desintegración: MESONES y BARIONES.

Los hadrones son partículas complejas que con el desarrollo del tiempo se desintegran en otras de menor masa, como por ejemplo la partícula cascada $\equiv$, que termina entregando electrones y neutrinos y a veces protones "ρ". Estas partículas dado que tienen peso, se denominan bariones que viene del griego "barines" que quiere decir pesados.

A las otras partículas que tienen masa mayor que el electrón, pero no contienen protones se las denomina mesones (carga media). De estas desintegraciones existen una cantidad muy grande que se han determinado con el uso de las cámaras de detección y los aceleradores de partículas.

A la clasificación en bariones y mesones se le ha dado un carácter un tanto más cuantitativo, introduciendo el número bariónico B. es el número de protones que aparecen al final de la desintegración. Para los bariones que hemos mencionado B = 1, para los antibariones B =-1.

Clasificación por la velocidad de desintegración: extrañeza.

Hemos visto hasta acá que las partículas que se desintegran en otras lo hacen a través del tiempo y algunas tienen una velocidad mayor que otras. A estas partículas que tienen distintas velocidades de desintegración se las denomina "extrañeza". Las partículas extrañas parecen desintegrarse en términos del orden de 10^{-10} segundos.

En estos trabajos intervinieron sobretodo el físico de California Murray Gell-Mann (Universidad de Chicago) y Kazuhiko Nishijima (Universidad de Osaka).

De manera que para explicar el término extrañeza Murria Gell-Mann propuso identificarla con una S.

Dado que las partículas no extrañas tienen S = 0, las partículas extrañas tienen S ≠ 0 y a esta se la llama extrañeza.

Por tanto podemos decir que λ^{o} tiene extrañeza igual a -1 ≡ tiene extrañeza -2; y así sucesivamente.

Clasificación por la dinámica interna: spin.

El spin es el momento magnético y cinético propio del electrón al girara sobre sí mismo, por los cálculos de la mecánica cuántica el spin puede adquirir solamente dos valores para el electrón: +1/2 y −1/2. También se puede comparar al spin con el giro que tiene la tierra con su eje para una esfera macroscópica.

Pero cuando los spines alcanzan distintos valores como por ejemplo, el spin completo de los bosones en las otras partículas se procede por cálculo y para cada partícula tiene un spin particular.

Murray Gell-Mann consideró que a todos los spines debería considerárselos con el nombre de la carga eléctrica y su spin, y representarlo con una *J*.

Dado que el spin es un momento, desde el punto de vista matemático, deberíamos indicar que se trata de un cálculo vectorial, puesto que el giro da un momento físico que se debe representar con una dirección de un sentido.

Otros métodos de clasificación.

Hay unas pocas propiedades de las partículas elementales que no son muy importantes como criterios de clasificación, pero sí lo son en la discusión en las leyes de conservación. Uno de ellos es la paridad, es decir que si tuviéramos un objeto y lo miráramos a través de un espejo lo veríamos en un sentido inverso, a esta propiedad se la llama paridad.

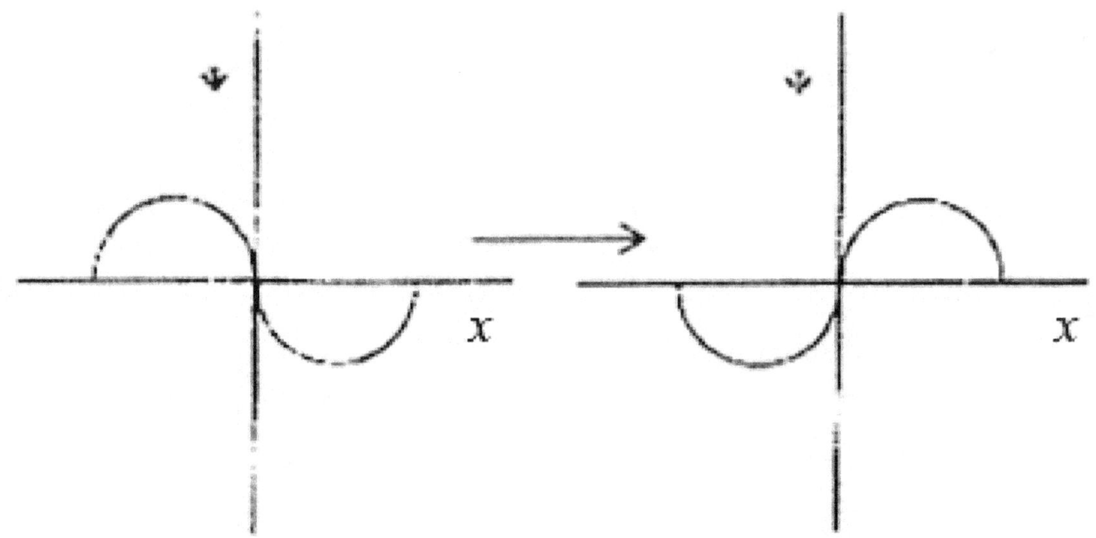

UNA FUNCION DE ONDA DE PARIDAD NEGATIVA

El trabajo de Matt Roos.

Después de ver el desarrollo de tantas y tantas partículas y de las propiedades que tienen, en el año 1963 el físico finlandés Matt Roos recopiló casi todas las partículas conocidas. La última de las ediciones que realizó de este catálogo lo hizo en 1972 donde colocaba a todas las partículas conocidas con sus características, es decir, con sus resonancias, spines, etc. Y para ese tiempo tuvo que escribir un libro de 245 páginas. En la actualidad cientos de partículas conocidas se encuentran catalogadas en estos catálogos.

Cuando empezaron a clasificarse las partículas, se usaron las letras griegas, desde α, β, γ,...hasta Y`, que representa una partícula descubierta por dos investigadores distintos y que se llama ψ/J.

Estas condiciones de los descubrimientos de tantas partículas llevó a Matt Roos a utilizar todas las letras griegas, pero luego continuo enumerándolas con un número N* y un número entero que identifica la partícula.

Junto con estos experimentos sobre los quarks que comenzaron en el Fermi Lab, en el ámbito teórico se producía un desarrollo paralelo que tenía el mismo efecto. Los tres primeros elementos de la tabla periódica H, He, Li presentan spines distintos como los quarks. Esto llevó a los científicos a decir que los quarks se podían determinar con colores, y así se les dio colores a los seis quarks y antiquarks que existen en la naturaleza.

La unión de los quarks requiere de un bosón que se denomina "fuerza fuerte", pero que ahora debido a que se denominan con color se los llama también como "Cromófero".

CAPÍTULO 13

El desarrollo de la CPU o computadora y su influencia en el estudio de partículas.

Después del desarrollo industrial en el siglo XVII se intentó producir una máquina que realizara los cálculos necesarios para las industrias.

Entre los más inteligentes se encuentra el trabajo de Babbage el cual incorporó un motor diferencial sobre tarjetas perforadas y con ello controlaba la industria textil.

Posterior a Babbage aparecen otros matemáticos que intentan construir máquinas más eficientes y más seguras.

En el siglo XX durante la Segunda Guerra Mundial los alemanes lograron producir una máquina calculadora electromecánica que denominaron ENIGMA pero unos espías de origen inglés lograron copiarla y con eso descubrir sus códigos, y construyeron a su vez otra computadora que se llamó COLOSSUS con lo cual lograban controlar la información confidencial del ejército Alemán.

Pero los norteamericanos intentaron a través de una empresa denominada IBM construir una computadora en base a la electrónica de aquellos tiempos, es decir, en base a válvulas electrónicas y realices electrónicos, pero la máquina resultó ser demasiado grande, pesaba 35 toneladas y consumía una cantidad enorme de electricidad.

Todos estos trabajos llevaron a la iniciativa de algunos matemáticos que pensaron en que una computadora debería ser mucho más pequeña. Entre ellos se distinguió el genio de Joseph Von Newman un húngaro nacionalizado suizo (1903-1957), el cual predijo que la computadora tenía que tener: 1) un Hardware, es decir, una estructura portante; 2) una calculadora matemática; 3) un sistema de almacenamiento de datos y 4) un sistema de intercambios de lo que contenía más lo que venía del exterior (Software).

El descubrimiento simultáneo de los transmisores por los ingenieros de la Bell Telephone hizo que todas las estructuras de las computadoras se redujeran enormemente y si bien al principio solo se construyeron unos pocos centenares de equipos, luego fueron reemplazándose los transistores por los chips de silicio construidos principalmente por empresas como Altair, Apple, Radio Shack, Timex, Sinclair, Spectrum, etc., que fueron mejorando notablemente la construcción de las computadoras al mismo tiempo que se tornaban más rápidas y los equipos más chicos.

Gracias a ello, en la década del 70 ya se podía contar con la idea de Von Newman que se basaba en la mecánica quántica al usar el spin de un electrón que puede ser $+1/2$ ó $-1/2$ lo cual se puede equiparar a un sistema de número binario con lo cual las computadoras se transformaron en un elemento común en cualquier laboratorio o taller (el electrón gira a 30.000 Km por segundo).

El descubrimiento de la computadora dio origen a que muchos problemas de la clasificación de las partículas y de sus parámetros: velocidad, masa, etc., pudieran ser calculados rápidamente.

CAPITULO 14

Métodos de clasificación de las partículas.

Ya hemos explicado que una partícula desde el punto de vista de la mecánica cuántica puede ser también descrita en función de la onda y está relacionada con la probabilidad de que al efectuar una observación, encontremos a la partícula en un punto dado del espacio. La paridad de esta partícula está relacionada con los efectos sobre la función de onda de un tipo particular de operación matemática. Esta operación consiste esencialmente en intercambiar izquierda con derecha, algo parecido a mirar la función de onda a través de un espejo. En lenguaje matemático decimos que reemplazamos el valor de la función de onda en un punto x, por el valor de la función de onda en el punto –x. para la función de onda de la figura que hemos realizado en el capítulo 12 obtenemos de nuevo la función de onda original, doblando el papel sobre sí mismo por el eje, la gráfica de izquierda se superpone exactamente con la de la derecha, se dice que una partícula descrita por una función de onda de este tipo tiene paridad positiva o es una función par.

Conjugación de la carga.

Si invertimos el signo de carga de cada una de las partículas de una determinada colección, transformaremos las partículas en antipartículas y viceversa. A esta operación se la conoce como conjugación de la carga. En general no hay ninguna relación entre la función de onda de una partícula y la de su antipartícula, pero en el caso de esas pocas partículas neutras como el π^0, esta operación produce una función de onda igual a la función de onda original, excepto por el signo que podrá ser positivo o negativo. Para esta clase reducida de partículas pues podemos hablar de conjugación positiva o negativa de la carga, como en el caso de la paridad.

Inversión del tiempo.

La inversión del tiempo no es en sentido estricto una propiedad de las partículas, pero la incluimos acá como complemento.

Imaginemos que podemos filmar una interacción de partículas elementales. La operación de invertir el tiempo, corresponde a pasar la película hacia atrás. Esta operación no cambia ningún signo de la partícula, pero tiene un claro efecto en lo que se observa, por ejemplo una partícula que esté girando de tal manera que su momento angular esté orientado hacia arriba, aparecerá al invertir el tiempo, que su spin sea hacia abajo.

PROPIEDADES DE LAS PARTÍCULAS ELEMENTALES

	partícula	masa	J	S	I	ρ	B
Fotón	γ	0	1	0			0
Leptones	e	0,51	1/2	0			0
	μ	105	1/2	0			0
	ν	0	1/2	0			0
Mesones	π	140	0	0	1		0
	K^-	494	0	-1	1/2	.	0
	K^o	498	0	1	1/2	-	0
	Q	770	1	0	1	-	0
Bariones	P .n	938	1/2	0	1/2	+	1
	λ	1.115	1/2	-1	0	+	1
	Σ	1.190	1/2	1	1	+	1
	Σ^o	1.318	1/2	2	1/2	+	1
	Δ	1.232	3/2	0	3/2	+	1

LOS MESONES Y LOS BARIONES CONSTITUYEN LOS HADRÓNES

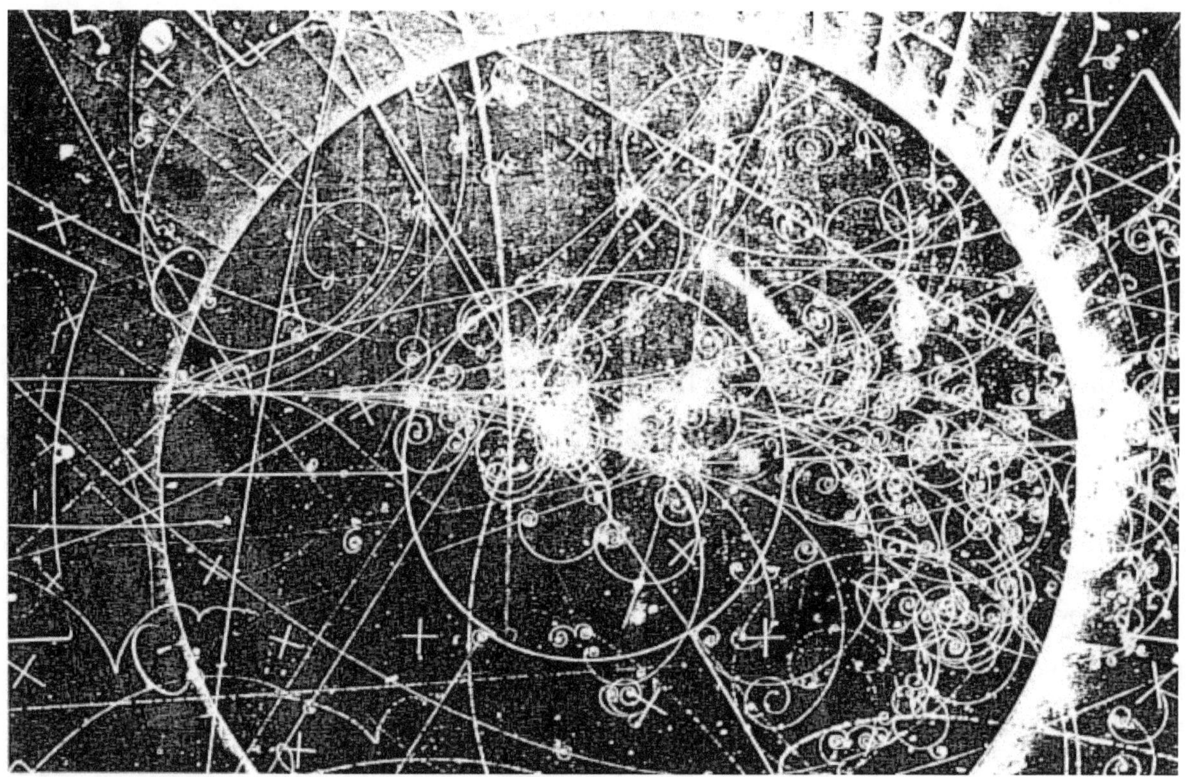

Fotografía de una interacción entre partículas elementales en una cámara de burbujas durante un "evento" (colisión en un colisionador).

El haz incide por la izquierda donde colisiona con el blanco.

Perpendicularmente al plano de la fotografía hay un campo magnético que hace girar partículas cargadas positivamente en sentido contrario.

La fotografía pertenece a un evento tomado dentro de una "cámara de burbujas" de hidrógeno líquido (1981).

CAPÍTULO 15

Sobre los neutrinos.

Cuando el profesor James Chadwick descubrió el neutrón, como ya hemos anticipado, observó que esta partícula no era estable y que luego de un breve tiempo se descomponía en un protón más una partícula muy pequeña y de una masa pequeñísima.

Cuando Chadwick informó de esta a W.Pauli y Enrico Fermi, éstos dos se pusieron de acuerdo y calificaron a ésta partícula con el nombre de neutrino (es decir neutrón muy pequeño).

Desde ese momento se encontró que los neutrinos eran sumamente abundantes pero tenían una propiedad: no colisionaban con ninguna otra partícula; por lo cual era muy difícil distinguirlos. Con el paso del tiempo se llegó a distinguir este neutrino, que asociado al electrón se denominó neutrino electrónico ($^\gamma$e).

Con el descubrimiento de los mesones se llegó a conseguir identificar a un leptón que se denominó muón (μ), que correspondía a un segundo nivel de energía. Junto con el muón aparece un segundo neutrino, que es el neutrino muónico ($^\gamma\mu$).

Luego del descubrimiento del muón se encontró un tercer leptón de masa mucho mayor, aproximadamente 164 millones de MeV que se denominó tauón y a este tau se le encontró el neutrino, que se lo denomina neutrino tauónico ($^\gamma$T).

El neutrino electrónico tiene tan poca masa que atraviesa todo el diámetro del planeta sin interactuar.

Los neutrinos son muy difíciles de determinar y actualmente hay distintos grupos de físicos que se encuentran dedicados a la tarea de identificarlos con múltiples experimentos.

CAPÍTULO 16.

Los Quarks.

Cuando se consiguieron crear y construir los grandes colisionadores con que cuentan ahora los físicos del mundo, se encontró que había muchas partículas que se producían a partir de los hadrones y se dio el primer paso para restablecer algún tipo de economía dentro de los hadrones.

A comienzos de la década del 60 y 70 Murray Gell-Mann y George Zweig del Instituto de Tecnología de California propusieron a raíz de un trabajo realizado también anteriormente por Yuval Nèeman del Instituto de Tel Aviv, que todos los hadrones estaban compuestos por otras partículas más pequeñas a las cuales Murray Gell-Mann llamó como QUARKS.

Los Quarks son muy pequeños en su tamaño.

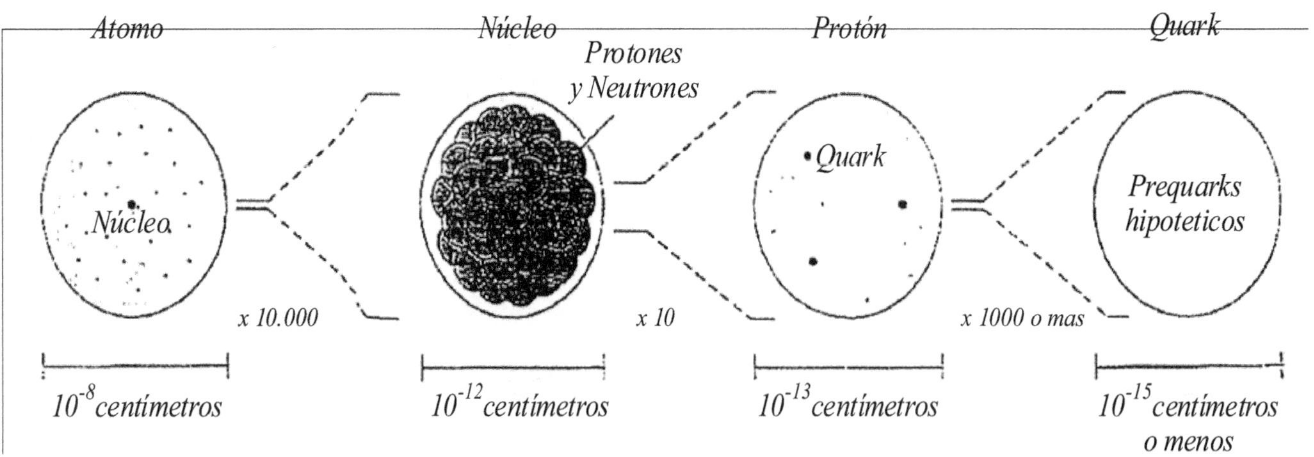

COMPARACIÓN DE LOS TAMAÑOS DE UN ÁTOMO, UN NÚCLEO Y UN QUARKS.

Cuando se descubrieron los primeros quarks se llegaron a distinguir que aparecían siempre en forma de pares. El primer par que se descubrió fueron los quarks "arriba" (u) y el "abajo" (d). Luego se descubrieron otro par más que se denominaron "encantado" (c) y "extraño" (s). Finalmente se encontró que había un tercer par de quarks que se denominaron "cima/verdad" (t) y "valle/belleza" (b).

CAPÍTILO 17.

LEPTONES

<table>
<tr><td colspan="4" align="center"><u>LEPTONES.</u></td></tr>
<tr><td align="center">Nombre
de la partícula</td><td align="center">Símbolo</td><td align="center">Masa en reposo
(MeV)</td><td align="center">Carga
eléctrica</td></tr>
<tr><td>Neutrino
electrónico electrón</td><td>$^{\gamma}e$
e-</td><td>Próxima a 0
0,511</td><td>0
-1</td></tr>
<tr><td>Neutrino muónico
muon.</td><td>$^{\gamma}\mu$
μ-</td><td>Próxima a 0
106,6</td><td>0
1</td></tr>
<tr><td>Neutrino tauónico
tau</td><td>$^{\gamma}T$
T-</td><td>Menor que 164
1784</td><td>0
1</td></tr>
<tr><td colspan="4" align="center"><u>QUARKS</u></td></tr>
<tr><td align="center">Nombre
de la partícula</td><td align="center">Símbolo</td><td align="center">Masa en
reposo
(MeV)</td><td align="center">Carga
eléctrica</td></tr>
<tr><td>"arriba" "abajo"</td><td>u
d</td><td>310
310</td><td>+2/3
-1/3</td></tr>
<tr><td>Encantado
Extraño</td><td>c
s</td><td>1500
505</td><td>+2/3
-1/2</td></tr>
<tr><td>"cima/verdad"
"valle/belleza"</td><td>t

b</td><td>22.500
partícula
hipotética
Próxima a
5000</td><td>+2/3
-1/3</td></tr>
</table>

BOSONES

Fuerza	Alcance	Intensidad a 10^{-13} cm en comparación con la fuerza fuerte	Transmisor	Masa en reposo	Espin	Carga eléctrica	Observaciones
Gravedad	Infinito	10^{-38}	Gravitón	0	2	0	Conjeturado
Electro magnetismo	Infinito	10^{-2}	Fotón	0	1	0	Observado directamente
Débil	Menor que 10^{-16} cm.	10^{-13}	Boson vect. débil W^I	81	1	+1	Observado directamente
			W	81	1	-1	Observado directamente
			$Z^°$	93	1	0	Observado directamente
Fuerte	Menor que 10^{-13} cm.	1	Gluones	0	1	0	Confinado permanentemente

De acuerdo con el MODELO ESTANDAR, hay doce constituyentes fundamentales de la materia y cuatro fuerzas básicas (bosones).

Los constituyentes de la materia se dividen en dos grupos de seis leptones y quarks. Los leptones gozan de existencia independiente, mientras que nunca se ha aislado un quark individual. Los quarks forman parte de las partículas mayores, que son los protones y neutrones (nucleones); se cree que el protón consta de dos quarks "arriba" (up) y quarks "abajo" (down). Las partículas interaccionan entre sí mediante las contra-fuerzas, a veces una fuerza tiene una partícula asociada a ella llamada bosón que transmite la fuerza.

Se piensa que existe un quinto bosón que sería el bosón de Higgs, la masa de los constituyentes fundamentales se dan en millones de electrón voltio (MeV) y las masas de las partículas que transmiten las fuerzas se dan en millones de electrón voltio.

Portadores de energía

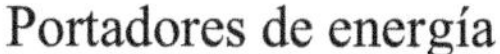

BOSONES
4 tipos con Spin
de números
enteros

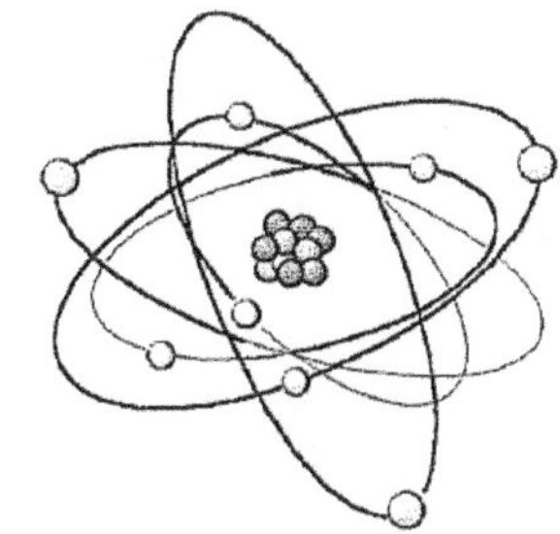

ÁTOMO

HADRONES

LEPTONES

MESONES

BARIONES

QUARKS

NAME	MASS	CHARGE	SPIN	LIFE
Up	10	+2/3	½	∞
Antiup		-2/3		
Down	20	+1/3	½	Var.
Antidown		-1/3		
Strange	200	+1/3	½	Var.
Antistrange		-1/3		
Charm	3.000	+2/3	½	Var.
Anticharm		-2/3		
Top	60.000	+2/3	½	Var.
Antitop		-2/3		

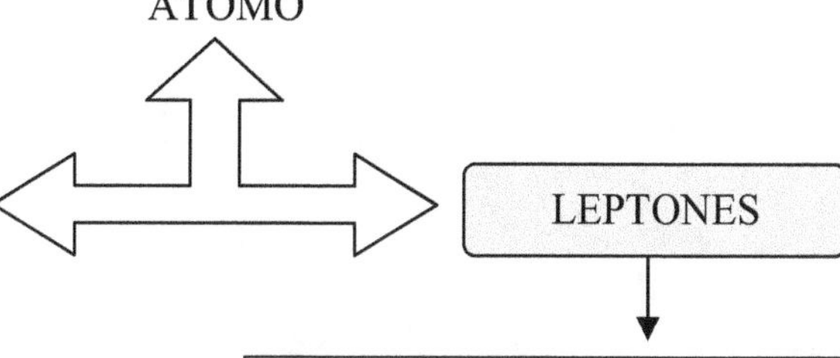

NAME	MASS	CHARGE	SPIN	LIFE
Electrón	1	-1	½	∞
Positrón		+1		
Muon	207	-1	½	$2x10^{-6}$s
Antimuon		+1		
Tauon	912	-1	½	$3x10^{-13}$s
Antitauon		+1		
Electron neutrino	$<5x10^{-5}$	0	½	∞
Electron antineutrino				
Muon neutrino	<1	0	½	∞
Muon antineutrino				
Tauon neutrino	<137	0	½	∞
Tauon antineutrino				

TABLA PERIODICA DE LOS ELEMENTOS

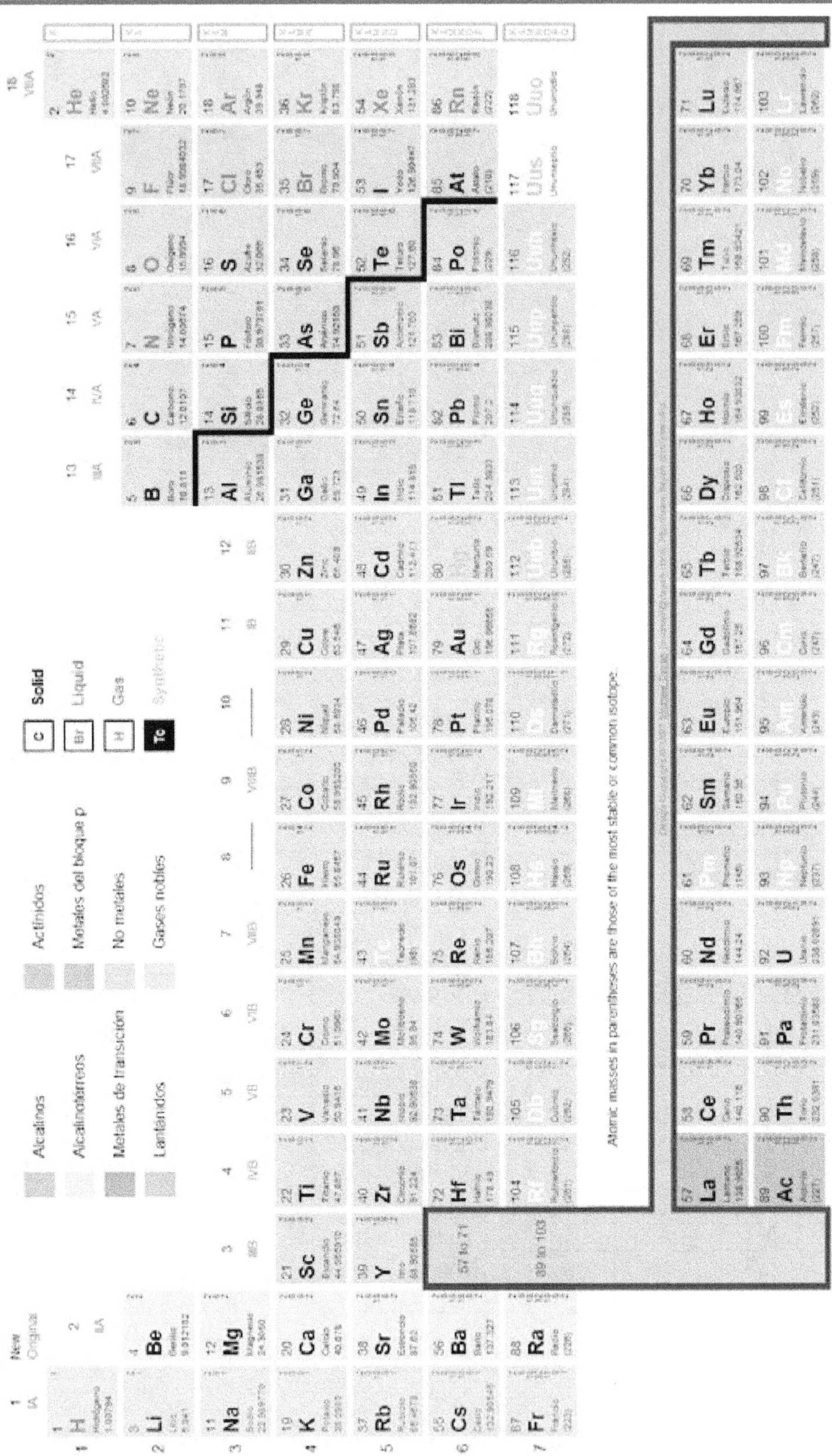

EPÍLOGO.

Hemos visto durante todo el trabajo acá presentado que las partículas que conforman la materia, tienen límites muy pequeños que son los Quarks, con los cuales se constituyen los hadrones: mesones (dos quarks) y bariones (tres quarks) (protones y neutrones).

También hemos visto cómo se determinaron con detectores especiales y los aceleradores de partículas existentes en distintas clases de partículas.

En la actualidad y utilizando las instalaciones de la Comunidad Económica Europea (CERN) se está preparando un experimento para colisionar hadrones (CHR), pero los equipos sumamente costosos recientemente se han determinado y el primer experimento se realizó en mayo del presente año pero con fallas en el equipo, por lo cual los próximos experimentos se llevaran a cabo posiblemente en noviembre de 2009. Existe una gran expectativa por los resultados de estos ensayos.

PROPIEDADES DE LAS PARTÍCULAS ELEMENTALES.

	partícula	masa	J	S	I	ρ	B
Fotón	γ	0	1	0			0
Leptones	e	0,51	1/2	0			0
	μ	105	1/2	0			0
	v	0	1/2	0			0
Mesones	π	140	0	0	1		0
	K^-	494	0	-1	1/2	.	0
	K°	498	0	1	1/2	-	0
	Q	770	1	0	1	-	0
Bariones	P .n	938	1/2	0	1/2	+	1
	λ	1.115	1/2	-1	0	+	1
	Σ	1.190	1/2	1	1	+	1
	Σ°	1.318	1/2	2	1/2	+	1
	Δ	1.232	3/2	0	3/2	+	1
	Σ (1385)	1.385	3/2	1	1	+	1

Los mesones y los bariones constituyen los hadrones.

BIBLIOGRAFÍA.

1. **Aubert, J.J.** y **Baubilier, M.** "El L.E.P., una nueva etapa de la física corpuscular". Revista Mundo científico Nº21, año 1983.

2. **Babor/ Ibarz** "Química General Moderna". Editorial M.Marín y CIA. Año 1968.

3. **Ballcal, J.N.** "El problema de los neutrinos solares". Revista Investigación y Ciencia Nº166. Año 1990.

4. **Vannucci, F.** "¿Tienen masa los neutrinos solares?". Revista Mundo Científico (La Recherche Nº3).

5. **Georgi, Howard** "Teoría unificada de partículas elementales y las fuerzas". Revista Investigación y Ciencia Nº57. Julio de 1981.

6. **Ekstrom, Ph.** y **Welnd, Davies** "El electrón aislado". Revista Investigación y Ciencia Nº49. Año 1980.

7. **Charpak, G** "La detección de las partículas". Revista mundo científico. (La Recherche Nº12). Año 1981.

8. **Martín, Francois** "La cromodinámica cuántica". Revista Mundo Científico (La Recherche Nº6). Año 1980.

9. **Pascual, Pedro** "El CERN". Revista Mundo Científico (La Recherche Nº10) El CERN y su relación con España Vol.2.

10. **Lambeet, Gerard** "La radiactividad atmosférica". Revista Mundo Científico. (La Recherche sumario Nº41)

Vol.4.

11. **Pauling, Linus** "Química general". Editorial Aguilar. Año 1964.

12. **Learned, J.** y **Eichler, D.** "Un telescopio de neutrinos en las profundidades marinas". Revista Investigación y Ciencia N°55. Abril 1991.

13. **Krisch, Alan** "Colisiones entre protones con spin". Revista Investigación y Ciencia N°133. OCTUBRE 1987.

14. **Krisch, Alan** "El spin del protón" The spin of the Proton. Revista Investigación y Ciencia Vol 240 N° 5. Mayo 1979.

15. **Breaker, H.; Drevermann, H.; Graph, C.; Radermerkers, A** y **Stone, H.** "Representación de partículas elementales". Revista Investigación y Ciencia N°181. Octubre 1991.

16. **Rees, J.** "El colisionador lineal de Stanford". Revista Investigación y Ciencia N°159. Diciembre de 1999.

17. **Haim, Haral** "Estructura de Quarks y Leptones". Revista Investigación y Ciencia N° 81. Junio 1983.

18. **Scharam, D.** y **Steigman, Gary** "Los aceleradores, banco de prueba de la teoría cosmológica". Revista Investigación y Ciencia N° 143. Agosto 1988.

19. **Enciclopedia Salvat** "El cicrotrón" N° 232. Año 1970.

20. **Trefil, James** "De los átomos a los Quarks". Biblioteca Salvat. Año 1985.

21. **Weimberg, Steven** "Partículas sub-atómicas". Prensa científica. Barcelona año 1985.

22. **Weimberg, Steven** "La desintegración del Protón". Revista Investigación y Ciencia N°59. Agosto de 1981.

23. **Myers, S.** y **Picasso, Emilio** "El colisionador L.E.P.". revista Investigación y Ciencia N° 168. Septiembre de 1990.

24. **Feldman, Gary** y **Steeimberg, J.** "El número de familias de la material". Revista Investigación y Ciencia N° 175. Abril 1991.

25. **Sorensen, A.** y **Uggerhf** "El encauzamiento de electrones y positrones". Revista Investigación y Ciencia.

26. **Sánchez Ron, J.M.** "Colección grandes pensadores: Einstein. Vida, pensamiento y obra". Editorial Planeta De Agostini. S.A.

27. **Cartmell** y **Fowles** "Valencia y estructura molecular". Editorial Reverté, S.A.

28. **Mistry, Nariman B.; Poling, Ronald A.** y **Thorndike, Edward H.** "Partículas con belleza desnuda". Revista Investigación y Ciencia N°84. Setiembre de 1983.

29. **Sisteró, Roberto F.** "Relatividad". Editorial Comunicarte. Año 2005.

30. **Papp, Desiderio** y **Babini, José** "Las ciencias exactas del siglo XIX". Editorial Espasa-Calpe Argentina S.A. Año 1958.

La presente edición de *Fisica de las Particulas Modernas;* se terminó de imprimir en el mes de marzo de 2020 en Universitas. Pje. España 1467. Córdoba. Te/Fax: 54-351-4680913. email: editorialuniversitas@yahoo.com.ar

Impreso en Argentina

UNIVERSITAS
U
Editorial
Científica
Universitaria
CÓRDOBA